Mama, ich will ein Kaninchen!

Der Zwergkaninchen Ratgeber für eine artgerechte Haltung ohne Vorkenntnisse (inkl. Checkliste für die richtige Ausstattung)

Sabrina Heine

ISBN: 9798685282828

Inhalt

Einleitung

Nach Hunden und Katzen gehören Zwergkaninchen zu den beliebtesten Haustieren der Deutschen. Leider wird ihre Haltung in der Öffentlichkeit gerne als sehr anspruchslos dargestellt. Diese Tiere sind in Wirklichkeit nicht die pflegeleichten Spielgefährten für Kinder, sondern äußerst sensibel. Wenn Du Dich also für die Haltung von Zwergkaninchen interessierst, dann musst Du Dich vorab umfassend über die artgerechte Haltung informieren. Von der Unterbringung bis zur Ernährung gilt es so einiges zu beachten, sodass Du Dir des Aufwands bewusst sein solltest. Zwergkaninchen sind heutzutage durch Überzüchtung auch recht krankheitsanfällig, weshalb ein Gesundheits-Check regelmäßig durchgeführt werden muss. Die Anschaffung von Zwergkaninchen erfolgt leider allzu oft unüberlegt, sodass die Tiere dann in ihren Käfigen ein trauriges Dasein fristen.

Kurz zusammengefasst - darauf kommt es bei der Haltung von Zwergkaninchen an:

- Alleinhaltung ist bei den sozialen Zwergkaninchen ausgeschlossen, es muss mindestens ein Partner vorhanden sein

- Männliche Tiere sind auf jeden Fall zu kastrieren, um eine unerwünschte Vermehrung zu vermeiden

- Zwergkaninchen brauchen viel Platz und Auslauf, weshalb ein Gehege im Garten der Wohnungshaltung vorzuziehen ist

- Zwergkaninchen gehören definitiv nicht in einen handelsüblichen Käfig!

- Bei Innenhaltung muss die Wohnung tiersicher gestaltet werden
- Die tägliche Reinigung des Geheges ist unerlässlich, sodass der Zeitaufwand nicht unterschätzt werden sollte
- Zwergkaninchen werden normalerweise mindestens 10 Jahre alt, sodass die Verantwortung sich über einen längeren Zeitraum erstreckt
- Zwergkaninchen sind Fluchttiere und keine Kuscheltiere
- Da Zwergkaninchen dämmerungsaktiv sind, muss auch nachts und früh morgens mit Geräuschen gerechnet werden
- Futter aus dem Handel ist in der Regel ungeeignet, sodass die Futterbeschaffung einiges an Zeit in Anspruch nehmen kann

Wie Du siehst, ist die Haltung von Zwergkaninchen alles andere als einfach. Auf der anderen Seite sind diese Tiere aber äußerst faszinierend für Jung und Alt. Ihr Verhalten in Gesellschaft zu beobachten macht jede Menge Spaß. Wenn Du Deine Tiere glücklich sehen willst, dann kannst Du Dich auch handwerklich betätigen und das Gehege nach und nach noch schöner gestalten. Auf diese Weise hast Du ein tolles Hobby, das Du auch mit der ganzen Familie teilen kannst. Auch wenn kleinere Kinder noch nicht behutsam genug mit den Zwergkaninchen umgehen können, so haben sie sicher auch große Freude an der

Beobachtung und können bei der Pflege ein wenig helfen. Wenn sie dann älter werden, können sie immer mehr Aufgaben selbst übernehmen.

Bevor Du Dir also Zwergkaninchen anschaffst, solltest Du überlegen, ob diese Tiere für Dich geeignet sind, und ob Du all ihre Bedürfnisse erfüllen kannst. Vor allem, wenn Kinder sich Zwergkaninchen als Haustiere wünschen, sollten Erwachsene sich immer darüber bewusst sein, dass die Pflege größtenteils an ihnen hängen bleibt. Der nachfolgende Ratgeber soll Dir alles Wichtige zur Haltung näherbringen und Dir somit auch die Entscheidung erleichtern.

1. Zwergkaninchen nicht gleich Zwergkaninchen

Vor der Anschaffung der Zwergkaninchen geht es erst einmal darum, welche Rasse es denn sein soll. Die einzelnen Rassen unterscheiden sich nämlich nicht nur optisch voneinander. Auch bezüglich des Charakters gibt es einige typische Verhaltens- und Wesenszüge. Schaust Du Dich in einer Zoohandlung nach einem Kaninchen um, dann wirst Du es eher selten mit reinrassigen Tieren zu tun haben. Sollte Dir das wichtig sein, musst Du einen entsprechenden Züchter über das Internet ausfindig machen.

Charakteristisch für ein reinrassiges Zwergkaninchen sind die eng zusammenstehenden Ohren, sein verhältnismäßig großer Kopf, die hervortretenden Augen und ein Gewicht zwischen 0,7 und 1,5 Kilogramm. Offiziell sind sechs Rassen vom Zentralverband Deutscher Rasse-Kaninchenzüchter anerkannt. Darüber hinaus gibt es noch drei weitere Rassen, die jedoch bisher nicht vom Verband anerkannt wurden.

Hermelinkaninchen

Das Hermelinkaninchen erkennst Du an seinem breiten und gedrungenen Körper sowie dem dicken und kurzen Kopf. Darüber hinaus ist sein Maul auffallend breit, die Augen treten stark hervor, und die Ohren sind straff aufgerichtet. Sein Fell ist weich, sehr dicht, kurz und ganz weiß. Das Hermelinkaninchen ist für seinen äußerst liebenswerten Charakter bekannt, der ihm eine optimale Integration in die Familie ermöglicht. Aufgrund seiner Urinstinkte möchte es manchmal wild toben und dann aber auch wieder sanft gestreichelt werden.

Farbenzwergkaninchen

Zu den beliebtesten Zwergkaninchenrassen zählen die Farbenzwergkaninchen, die aus der Zucht von Hermelin- und Wildkaninchen hervorgegangen sind. Der Körper der Farbenzwerge ist eher rundlich und kompakt, wobei die Läufe eher klein und kurz sind. Der Kopf und die Augen sind vergleichsweise groß, die Ohren stehen dicht beieinander. Die Auswahl an Farbschlägen ist bei dieser Rasse mittlerweile riesengroß. Farbzwerge werden schnell zutraulich, sind neugierig und sehr lebhaft. Leider haben sie eine angeborene Fehlstellung der Schneidezähne, weshalb ein regelmäßiges Kürzen durch den Tierarzt angezeigt ist.

Fuchskaninchen

Falls Du mit einem langhaarigen Fuchskaninchen liebäugelst, musst Du Dir über die aufwändigere Fellpflege im Klaren sein. Falls es sich um die Zwergkaninchen Deiner Kinder handelt, solltest Du ihnen dabei zur Hand gehen. Da der jahreszeitliche Fellwechsel jedoch das Scheren überflüssig macht, ist der Aufwand längst nicht so groß wie bei einem Angorakaninchen. Die Tiere dieser mittelgroßen Rasse können durchaus ein Gewicht von drei bis vier Kilo erreichen, die Zwergkaninchen werden bis zu 1,35 Kilogramm schwer. Der Körperbau ähnelt dem Hermelin, im Gegensatz zum Angorakaninchen haben sie jedoch keine Büschel an den Ohren. Charakterlich werden die Fuchskaninchen als sehr ausgeglichen und ruhig bezeichnet.

Rexzwergwidder

Diese kurzhaarige Rasse gibt es in verschiedenen Größen, wobei der Rexzwergwidder zu den Zwergkaninchen zählt. Das Fell ist sehr samtig, was an der sehr kurzen Unterwolle und dem Deckhaar liegt. Der Kopf ist im Vergleich zu anderen Rassen schmaler, wodurch er auch länglicher erscheint. Inzwischen werden auch langhaarige Tiere gezüchtet, die dann Rexteddywidder oder Rexlöwenwidder genannt werden. Diese Rasse wird recht schnell zutraulich und gilt als lebhaft und sehr neugierig.

Zwergwidder

Diese Rasse ist äußerst gutmütig und ruhig, weshalb sie sich sehr gut für Familien mit kleineren Kindern anbietet. Sie sind äußerst anpassungsfähig und kommen somit mit nahezu jeder Umgebung zurecht. Das Aussehen der Zwergwidder ist sehr putzig, denn sie haben niedliche Hängeohren und ein ganz kurzes Fell. Ihren Namen hat diese Rasse von dem markanten Kopf, der durchaus an einen Widder erinnern kann.

Jamorakaninchen

Diese Rasse ist etwas größer als die anderen Zwergkaninchen und hat stehende Ohren. Das sehr lange Fell bedarf eines ziemlich großen Pflegeaufwands, den Du nicht unterschätzen solltest. Sehr charakteristisch für das Jamorakaninchen ist das außergewöhnliche Tigerentenmuster. Diese Tiere kuscheln recht gerne und sind sehr gutmütig.

Löwenkopfzwergkaninchen

Optisch ähneln die Löwenkopfzwerge den Farbenzwergen. Sie haben ein kurzes Fell und längeres Fell im Bereich des Kopfes, des Halses und der Hinterläufe. Gerade ihr niedliches Aussehen macht sie so beliebt bei Heimtierhaltern. Da ihre Mähne verfilzt, hast Du auch nicht sehr viel Arbeit mit der Pflege. Diese Rasse ist deshalb nicht anerkannt, weil es keine eindeutigen Farbschläge und Merkmale gibt.

Teddykaninchen

Diese Rasse unterscheidet sich von den anderen in erster Linie durch ihr weiches, dichtes und langes Fell. Während es diese Tiere in allen Farben, Zeichnungen und Scheckungen gibt, haben sie meistens blaue Augen. Bei den Ohren gibt es sowohl hängende als auch stehende Exemplare. Die Teddykaninchen sind sehr anhängliche, neugierige und liebenswerte Gesellen.

Teddywidder

Optisch sehen die Teddywidder dem Zwergwidder sehr ähnlich. Ihr Körper ist eher gedrungen und kurz mit kräftigem Nacken und breiten Schultern. Sehr typische Merkmale des Kopfes sind auffallende Wölbungen an der Nase und der Stirn, eine breite Schnauze und markante Kinnbacken. An den Ansätzen der Ohren haben sie Wülste, die auch Kronen genannt werden. Fühlen sich die Tiere wohl, dann werden sie sehr zutraulich, sind aber eher ruhige Kaninchen.

2. Haltung

Wie bereits erwähnt, ist die Haltung von Zwergkaninchen nicht ganz unkompliziert. Wenn Du aber alle wichtigen Punkte berücksichtigst, dann wirst Du für viele Jahre gesunde, tierische Mitbewohner haben. Damit Du weißt, wie die artgerechte Haltung von Zwergkaninchen aussieht, haben wir die wichtigsten Aspekte genauer beleuchtet.

2.1 Zwergkaninchen brauchen mindestens einen Partner

Das Allerwichtigste zuerst: Zwergkaninchen sind keine Einzeltiere und brauchen deshalb unbedingt Artgenossen! Dabei ist es vollkommen egal, ob es sich um gleiche oder unterschiedliche Rassen handelt. Kaninchen sind nicht einfach nur sozial, sie brauchen auf jeden Fall Partner, um keine Verhaltensstörungen zu entwickeln. Für rund die Hälfte ihres Verhaltens sind sie nämlich auf andere Kaninchen angewiesen. Mittlerweile verlangt sogar das Tierschutzgesetz die Haltung von mindestens zwei Tieren, besser noch einer kleinen Gruppe. Leider werden in Deutschland immer noch etwa vier Prozent der Kaninchen allein gehalten. Du kannst aber nicht rund um die Uhr bei Deinem Kaninchen sein, um ihm einen Artgenossen zu ersetzen. Die Tiere putzen sich gegenseitig die Ohren und schlecken sich die Augen ab. Sie möchten gemeinsam herumhoppeln und die Umgebung erkunden. Das Kontaktliegen für mindestens sieben Stunden täglich ist ein essenzielles Bedürfnis, das Du keinesfalls erfüllen kannst. Leider kannst Du auch nicht die Kaninchensprache erlernen, um Dich mit einem Tier zu unterhalten. Ein Zwergkaninchen kann nur entspannt schlafen, wenn ein anderes Tier Wache hält und bei

Gefahr klopft. Aus all diesen Gründen brauchen Zwergkaninchen Artgenossen. Manche überlegen, ein Meerschweinchen als Gesellschaft zu halten, doch dieses kann kein anderes Kaninchen ersetzen. Du kannst Dich natürlich einige Stunden am Tag mit dem Zwergkaninchen beschäftigen, aber dennoch ist das kein Ersatz.

Abbildung 1 – Zwei Kaninchen

In der freien Natur leben Kaninchen in Familienverbänden, sodass ihr Verhalten auch darauf ausgerichtet ist. Einige Verhaltensweisen sind bereits angeboren, während sie sich andere erst aneignen müssen. Kaninchen bewegen sich in Gruppen wesentlich mehr, was auch ihrer Gesundheit zugutekommt. Sie jagen einander hinterher, wie es ihrem ursprünglichen Leben in der Natur entspricht. Da ihnen häufig langweilig ist, fressen sie übermäßig viel, sodass Übergewicht gewissermaßen vorprogrammiert ist. Neben dem typischen Gitternagen konnten auch noch weitere Auffälligkeiten bezüglich des Verhaltens festgestellt werden. Auch wenn den Tieren verschiedene Rückzugsmöglichkeiten angeboten wurden, bevorzugten sie die Nähe der Artgenossen. Manchmal hört man von Kaninchenhaltern, dass sie nur ein Tier haben, weil dieses sich nicht mit anderen verträgt. Sicher gibt es Zwergkaninchen mit einem etwas schwierigeren Charakter oder außergewöhnlichen Verhaltensweisen. Im Prinzip kann aber für jedes Tier auch ein passender Partner gefunden werden. Viele brechen die Vergesellschaftung viel zu früh ab, weil es zu Kämpfen kommt. Auf den Ablauf einer solchen Vergesellschaftung gehen wir später noch näher ein. Es ist aber vollkommen normal, wenn die Kaninchen durch Kämpfe ihre Rangordnung festlegen. In der Tat verträgt sich nicht jedes Tier automatisch mit einem anderen, sodass Du es unter Umständen mit zwei oder drei verschiedenen Partnern versuchen musst. Womöglich liegt es auch am falschen Ort der Zusammenführung, oder mit der Haltung stimmt prinzipiell etwas nicht. Die einfachste Lösung ist immer ein kastrierter Rammler mit einer Häsin, das funktioniert auch unabhängig vom Charakter.

2.2 Zwergkaninchen müssen ausreichend Platz zur Verfügung haben

Wenn Du in einer kleinen Mietwohnung lebst, und womöglich auch keinen Balkon hast, dann sind Zwergkaninchen womöglich nicht die idealen Haustiere für Dich. Grundsätzlich scheiden Ställe und Käfige für die Haltung aus, denn Zwergkaninchen haben einen enormen Bewegungsdrang, der schon fast dem einer Katze gleicht. Zwergkaninchen erreichen eine Geschwindigkeit von bis zu 24 km/h, schlagen schnelle Haken und springen über einen Meter hoch. Somit kannst Du Dir vorstellen, dass kein einziger Stall aus dem Handel diesen Bedürfnissen gerecht werden kann. Von den Käfigen schon mal ganz abgesehen, die eigentlich für die Haltung verboten werden sollten. Damit Zwergkaninchen ihr natürliches Verhalten auch in der Heimtierhaltung beibehalten können, muss ihr Gehege einige Quadratmeter Fläche haben.

Abbildung 2 – Zwei Kaninchen im Freien

Es gibt vorgeschriebene Mindestmaße, doch diese sind längst nicht optimal. Du solltest im Grunde keine separate Haltung planen, sondern eher ein Zusammenleben mit den Tieren. Der Tierschutz sieht eine Grundfläche von sechs Quadratmetern für zwei Zwergkaninchen vor, für jedes weitere Tier wären dann 20 Prozent zu addieren. Wie gesagt geht es dabei aber nur darum, dass die Tiere nicht leiden müssen oder gar Schäden davontragen. Sechs Meter Fläche für zwei Kaninchen können so lange als ausreichend angesehen werden, als die Tiere auch jeden Tag Freilauf haben. Ist ein Freilauf nicht möglich, solltest Du mindestens von 10 Quadratmetern ausgehen.

2.3 Zwergkaninchen sind keine Käfigtiere

Viele sehen Kaninchen immer noch als langweilig an, weil sie das Bild von der klassischen Käfighaltung vor Augen haben. Leider sieht die Realität aber häufig tatsächlich so aus, dass die Tiere in einem Käfig in einer Zimmerecke hausen. Sie erhalten Futter, der Käfig wird gereinigt und ab und zu gibt es auch ein paar Streicheleinheiten. Die Tiere fügen sich ihrem Schicksal, denn sie machen nur selten auf ihr Leiden aufmerksam. Kein Wunder, dass sie von vielen Menschen immer noch als langweilige Tiere angesehen werden, was sie keinesfalls sind. Du kannst mit Zwergkaninchen genauso viel Spaß haben wie mit Katzen oder Hunden, wenn Du sie in Deinen Alltag mit einbindest und auf einen Käfig verzichtest. Jedes Tier wäre langweilig in einem Käfig, weil es sein natürliches Verhalten gar nicht ausleben könnte.

Bewegung ist extrem wichtig für die Tiere, denn ansonsten leidet ihre Gesundheit darunter. Aufgrund von mangelnder Bewegungsfreiheit können Deformationen an den Knochen und Gelenken entstehen sowie Muskelschäden. Da sie keinerlei Abwechslung und Beschäftigung haben, können sie unruhig, ängstlich und teilweise sogar aggressiv werden. Auch die Entwicklung von stereotypen Verhaltensweisen ist in diesem

Fall keine Seltenheit. In einem Stall oder Käfig haben die Kaninchen außerdem auch keine Möglichkeit zum Buddeln und Graben.

Jetzt stellt sich noch die Frage, ob die Zwergkaninchen zumindest nachts in einem Stall oder Käfig untergebracht werden können. Du darfst aber nicht außer Acht lassen, dass es sich nicht um tagaktive Tiere handelt, sondern um wechselaktive. Das bedeutet, dass sie ihre Ruhephasen über 24 Stunden verteilen und überwiegend in der Dämmerung aktiv sind. Aus diesem Grund musst Du ihnen aber auch nachts einen artgerechten Lebensraum bieten. Die angegebenen Mindestmaße sollten also rund um die Uhr eingehalten werden. Bitte beachte auch, dass es sich um Grundfläche handelt, nicht etwa um eine Fläche, die sich über mehrere Etagen verteilt.

2.4 Bei Gruppenhaltung müssen weitere Faktoren berücksichtigt werden

Falls Du mehreren Zwergkaninchen ein Zuhause geben möchtest, kommt es beim Platzbedarf nicht nur auf die natürlichen Bewegungsabläufe an. Da es sich bei einer Gruppe um ein soziales System handelt, muss ein bestimmter Lebensraum geschaffen werden, damit dieses Gefüge auf Dauer funktionieren kann. Innerhalb einer Kaninchengruppe gibt es immer eine feste Rangordnung, deren Aufrechterhaltung äußerst wichtig ist. Da Kaninchen nicht sprechen können, erfolgt die Kommunikation nonverbal. Der große Raumbedarf muss deshalb berücksichtigt werden, damit kein einzelnes Tier in Gefahr gerät. Die rangniedrigeren Zwergkaninchen halten einen größeren Abstand ein, um damit ihren Respekt den höheren gegenüber zu zeigen. Nicht nur wir Menschen brauchen Möglichkeiten zum Rückzug, das gilt auch für das Tierreich. Kommt es zu Streitereien in der Gruppe, müssen sich die Kaninchen auch aus dem Weg gehen können, um sich wieder zu erholen und die erhitzten Gemüter abkühlen zu lassen. Häufig fühlen sich die stärkeren Tiere regelrecht provoziert, wenn ihnen andere Tiere zu nahekommen.

Abbildung 3 - Gruppenhaltung

Sind die Raumverhältnisse sehr beengt, steigert das die Aggressionsbereitschaft ganz enorm. So kann aus einer eigentlich sehr harmonischen Gemeinschaft rasch eine zerstrittene Gruppe werden. Unter Umständen kann der Raumbedarf etwas reduziert werden, indem Du Sichtschutzwände in das Gehege integrierst. Der Abstand lässt sich auch leichter wahren, wenn Du an verschiedene Ebenen und erhöhte Sitzplätze denkst. Ist nicht ausreichend Raum vorhanden, musst Du Sackgassen auf jeden Fall vermeiden.

2.5 Umfeld muss Zwergkaninchen Reize bieten

Da Zwergkaninchen von Natur aus sehr neugierig und interessiert sind, kann ein Mangel an Reizen zu Langeweile, Trägheit und Unterforderung führen. Ausreichend Platz reicht deshalb bei der Haltung nicht aus, die Tiere brauchen auch genügend Abwechslung, um geistig fit zu bleiben. Eine abwechslungsreiche Umgebung wird sie zu Erkundungstouren motivieren und somit ihren Bedürfnissen entsprechen. Verhaltensstörungen sind meistens die Folge von Langeweile, die durch ein reizarmes Umfeld entsteht.

Als Standort für das Gehege solltest Du deshalb keinesfalls eine abseits gelegene Stelle auswählen. Entweder schaffst Du künstliche Reize in Form von Stimmen und Einrichtungsgegenständen, indem die Tiere mit Dir zusammenleben. Oder Du musst alternativ auf natürliche Umweltreize setzen, wie zum Beispiel Regen, Sonne, Laub und Wind. Auf der anderen Seite dürfen die Zwergkaninchen aber auch nicht unter einer Reizüberflutung leiden. Sie müssen also die Möglichkeit haben, dem Lärm von Haushaltsgeräten auszuweichen. Du wirst viel mehr Freude beim Beobachten Deiner Haustiere haben, wenn sie ihr volles Potenzial ausschöpfen können. Vor allem Kinder werden daran ihre helle Freude haben.

Du kannst einen Stall oder Käfig natürlich in den Lebensraum integrieren, der dann als Rückzugsort genutzt werden kann. Selbst wenn Du in einer kleinen Wohnung lebst, kannst Du

Zwergkaninchen ohne Käfig halten. Die Tiere können dann wahlweise auf dem Balkon ihr Reich haben, oder Du trennst ihnen einfach einen Teil des Raumes als ihren Bereich ab. Im Prinzip können sie ganz normal in der Wohnung mit Dir leben und ihr Geschäft dann in Katzentoiletten verrichten. Allerdings ist niemals nur die Anzahl der Quadratmeter ausschlaggebend. Es ist besser, wenn die Fläche etwas geringer, dafür aber abwechslungsreich gestaltet ist. Der größte Platz nützt also nichts, wenn die Tiere keine Umweltreize haben. Die Lebensqualität Deiner Zwergkaninchen sollte immer an erster Stelle stehen.

2.6 Haltung in der Wohnung, auf dem Balkon oder im Garten

Grundsätzlich kannst Du Zwergkaninchen in allen drei Bereichen halten. Steht Dir jedoch ein Garten zur Verfügung, dann ist dies definitiv die beste Lösung. Hier kannst Du einen großen und abwechslungsreichen Lebensraum gestalten mit einem Gehege und einem Auslauf. Dann kannst Du das natürliche Verhalten der Tiere beobachten und Dich an aktiven und ausgelasteten Zwergkaninchen erfreuen. Du kannst die Kaninchen sowohl im Sommer als auch im Winter im Freien unterbringen, allerdings musst Du wegen der Witterungsverhältnisse ein paar wichtige Faktoren berücksichtigen. Du musst die Sonnen- und Schattenverhältnisse beachten und auch an eine ausreichende Frischluftzufuhr denken. Vergiss auch einen Wetterschutz nicht, sodass den Tieren Regen, Wind, Zugluft und Schnee nichts anhaben können. Schließlich musst Du auch sicherstellen, dass die Zwergkaninchen nicht ausbüxen können, und auch keine natürlichen Feinde in das Gehege gelangen. Natürlich darfst Du auch die Hygiene nicht außen vor lassen, denn die Reinigung gestaltet sich ganz anders als die Säuberung eines Käfigs oder Stalls.

2.7 Das ideale Gehege für Zwergkaninchen

Du darfst das Kaninchengehege keinesfalls als reine Unterbringung für Deine Tiere ansehen. Schließlich sollen sie einige Jahre darin verbringen, sodass es eher als Lebensraum oder Zuhause zu bezeichnen wäre. Das Gehege muss auf jeden Fall vor Mardern sicher und teilweise überdacht sein. Außerdem gibt es eine direkte Verbindung zu einer Schutzhütte, sodass die Zwergkaninchen immer selbst entscheiden können, ob sie sich draußen oder drinnen aufhalten. Wichtig ist eine ausreichende Größe, damit die Kaninchen ihren Bewegungsdrang ungehindert ausleben können. Rechne mit mindestens 10 Quadratmetern Fläche, falls Deine Tiere sich den ganzen Tag in einem Freilauf aufhalten dürfen. Dann rechnest Du noch eine Fläche von mindestens sechs Quadratmetern dazu, die dann als Nachtlager dient.

Selbst wenn Du eine Schutzhütte planst, solltest Du einen Teil des Geheges überdachen. Das hat den Grund, dass einige Zwergkaninchen sich nicht gerne in eine Schutzhütte begeben und lieber unter einer Überdachung sitzen. Außerdem hat dies den Vorteil, dass ein Bereich auch bei schlechter Witterung trocken bleibt. Darunter kannst Du auch Einrichtungselemente platzieren, die ansonsten verwittern würden. Schließlich erleichtert die Überdachung auch die Hygiene und Sauberkeit im Gehege. Im Sommer haben Deine Tiere ausreichend Schatten, wobei ein natürlicher Schattenspender, wie beispielsweise ein

Baum, noch besser dafür geeignet ist. Um Dein Gehege zu überdachen, solltest Du am besten Doppelsteg- oder Wellplatten verwenden.

Zwergkaninchen haben gewisse Grundbedürfnisse, die Du bei der Planung unbedingt berücksichtigen musst. Sie sitzen gerne auf erhöhten Flächen, wobei es sich um Dächer von Hütten oder Etagen handeln kann. Um graben und buddeln zu können, brauchen sie eine Buddelkiste. Wie in ihrer natürlichen Umgebung, solltest Du ihnen genügend Versteckmöglichkeiten und Unterschlüpfe zur Verfügung stellen. Um einen weichen Untergrund zum Schlafen und Ausruhen zu haben, kannst Du einige Bereiche mit Einstreu versehen. Du solltest ohnehin auf Untergründe aus verschiedenen Materialien setzen, wie zum Beispiel Holz, Steinplatten oder Einstreu. Stelle die Fläche nicht zu sehr zu, denn schließlich sollen die Tiere ungehindert rennen können.

Schütze das Gehege vor Marderattacken, und zwar zu allen Seiten, und auch nach oben und unten. Herkömmlicher Kaninchendraht reicht dafür nicht aus, weshalb Du auf jeden Fall Volierendraht verwenden musst. Unter dem kompletten Gehege sind Steinplatten zu empfehlen, die auch gleichzeitig ein Durchbuddeln nach draußen verhindern. Eine Wiese sollte nicht als Untergrund im Gehege belassen werden, denn diese wäre nach einiger Zeit nur noch matschig. Eine Scheune, Garage oder ein Gartenhaus sind als Unterkunft für Deine Zwergkaninchen nicht geeignet, außer sie können zusätzlich nach Belieben ein Gehege nutzen, also am Tag und nachts.

2.8 Zwergkaninchenhaltung auf dem Balkon

Eine mögliche Alternative zu einem Gehege im Garten ist die Unterbringung auf dem Balkon. Zu diesem Zweck kannst Du entweder ein Gehege bauen, oder Du sicherst den kompletten Balkon für die Tiere ab. Deine Zwergkaninchen können sich das ganze Jahr über im Freien wohlfühlen, wenn Du ihnen ein schönes Reich zauberst. Das ist vor allem dann eine gute Lösung, wenn Dir die Wohnungshaltung nicht möglich ist und kein Garten vorhanden ist. Bedenke aber auch bei dieser Variante, dass eine Grundfläche von mindestens sechs Quadratmetern für zwei Tiere benötigt wird.

Auch auf dem Balkon musst Du unbedingt an eine Schutzhütte als Unterschlupf denken. Hierfür kannst Du einen wetterfesten Kaninchenstall verwenden. Ist der Balkon nicht mindestens teilweise überdacht, musst Du auch einen überdachten Bereich berücksichtigen. Dieses Areal ist dann ideal, um dort die Futterstelle einzurichten. In den Ecken kannst Du geschlossene Katzenklos platzieren, falls Deine Tiere soweit stubenrein sind. Auf dem Balkon brauchen sie außerdem noch ein paar zusätzliche kleine Häuschen als Rückzugsmöglichkeiten. Vergiss auch ein paar erhöhte Flächen als Ausguck nicht. Eventuell kannst Du auf dem Boden PVC verlegen. Dieser sollte aber eine raue Oberfläche haben, sonst rutschen die Zwergkaninchen darauf aus. Einen Betonboden kannst Du belassen, diesen nehmen die Tiere recht gerne an. Andere Möglichkeiten wären ein Kunstrasen oder ein Teppichboden für den Außenbereich.

Wenn Du Dich für die Balkonhaltung entscheidest, musst Du ein paar Gefahrenquellen berücksichtigen. Eine davon ist die Hitze im Sommer, die gerade auf nach Süden ausgerichteten Balkonen ein Problem darstellen kann. Damit die Kaninchen in der Mittagshitze keinen Hitzschlag erleiden, brauchen sie

Schattenplätze. Doch selbst dann kann sich auf einem Balkon die Hitze stauen und zur tödlichen Gefahr werden. Du kannst feuchte Handtücher aufhängen oder einen Ventilator aufstellen. Auch kühle Steinplatten werden im Sommer gerne als Liegeflächen angenommen. Bei einem Südbalkon solltest Du Dir wirklich gut überlegen, ob die Außenhaltung dort eine gute Idee ist.

Was für Hitze gilt, das betrifft unter Umständen auch eisige Kälte im Winter. Achte darauf, dass Deine Zwergkaninchen genügend Schutzbereiche haben, die nicht zu sehr auskühlen. Bedenke bitte, dass sich Kaninchen sehr schmal machen und durch engste Ritze drängen können. Sichere Dein Balkongeländer deshalb mit Brettern und Volierendraht ausreichend ab. Auch eine Höhe von mindestens 120 cm ist ein wichtiges Kriterium, denn schließlich können die Tiere aus dem Stand sehr hoch springen. Alle höheren Einrichtungsgegenstände müssen in ausreichendem Abstand zum Geländer platziert werden.

2.9 Zwergkaninchen in der Wohnung halten

Die Wohnungshaltung ist nicht optimal, doch manchmal gibt es keine andere Möglichkeit. Doch auch in diesem Fall solltest Du keinesfalls auf einen Käfig zurückgreifen, denn damit ist definitiv keine artgerechte Haltung möglich. Du kannst nun entscheiden, ob Du ein ganzes Zimmer für Deine Hoppler einrichtest, oder ob sie sich frei in der kompletten Wohnung bewegen dürfen. Falls die Tiere mit Dir in der Wohnung leben, musst Du sicher ein paar Kompromisse eingehen. Zwergkaninchen werden ihre natürlichen Verhaltensweisen an den Tag legen, wozu auch das Annagen von

Einrichtungsgegenständen zählen kann. Auf der anderen Seite ist der Alltag mit freier Wohnungshaltung aber auch sehr aufregend und bereichernd.

Auf keinen Fall darf ein Käfig verwendet werden, denn selbst das größte Exemplar aus dem Fachhandel ist viel zu klein bemessen und gleicht eher einem Gefängnis. Artgerechte Bewegungen wie hoppeln, buddeln oder jagen sind darin nicht möglich. Da die Tiere sehr eng aufeinandersitzen, kann es auch zu Reibereien mit Verletzungen kommen. Die Zwergkaninchen können sich nicht aus dem Weg gehen, sodass sie leicht aggressiv werden können. Da sie die Nacht nicht durchschlafen, müssen sie auch nachts ausreichend Platz haben. Langeweile ist ebenfalls ein häufiges Phänomen bei Käfighaltung, was dann wiederum zu Verhaltensauffälligkeiten führt. Auch eine Verkrümmung der Wirbelsäule und Gelenkschäden sind leider keine Seltenheit. Die beengten Verhältnisse können darüber hinaus auch Verdauungsprobleme fördern. Bei Zwergkaninchen geht es also nicht um eine Unterbringung wie beispielsweise bei einem Vogel oder einem Hamster, sondern vielmehr um ein harmonisches Zusammenleben.

2.10 Freie Wohnungshaltung oder Gehege?

Welche Haltungsform für Dich in Frage kommt, hängt von Deiner Wohnsituation und Deiner persönlichen Einstellung ab. Baust Du in einem Bereich der Wohnung ein Gehege, dann kannst Du diesen komplett für die Tiere gestalten. Gerade, wenn noch andere Tiere im Haushalt leben, ist dies wahrscheinlich die beste Lösung. Auch wenn die Kaninchen sehr viel allein sind, solltest Du zu dieser Variante tendieren. Ist Deine Wohnung groß genug, wäre auch die Haltung in einem Zimmer denkbar.

Dann musst Du Dich aber auch genügend mit ihnen beschäftigen, damit sie nicht zu abgeschieden sind. Um dies zu verhindern, könntest Du auch ein Gitter anbringen und die Türe immer offenlassen. Auf diese Weise können die Kaninchen auch an Deinem Alltag teilhaben und erhalten ausreichend Reize aus der Umgebung.

Bei der freien Wohnungshaltung sind die Tiere fest in Deinen Alltag integriert und beschäftigen sich selbstständig. Die Einrichtung für die Zwergkaninchen muss in diesem Fall natürlich in der Wohnung platziert werden, was jedoch recht unauffällig umsetzbar ist. Du musst diese Haltungsform jedoch ganz exakt planen und kannst sie auch nur mit stubenreinen Tieren umsetzen, die nicht zerstörungswütig sind. Ähnlich wie bei kleinen Kindern, musst Du die Räume auch für die Kaninchen sicher machen, damit Gefahren ausgeschlossen werden können.

2.11 Die Einrichtung eines separaten Bereichs für die Kaninchen

Wenn Du Dir vorab einige Gedanken machst, dann kannst Du einen Kaninchenbereich mit geringem Kosten- und Zeitaufwand realisieren. Am besten besorgst Du Dir im Fachhandel oder über das Internet ein fertiges Freilaufgehege, welches es vergittert in Form eines Sechs- oder Achtecks gibt. Diese Gehege lassen sich dann noch beliebig erweitern, sodass Du jede gewünschte Größe erreichen kannst. Auch Welpengitter können eine gute Alternative sein. Du kannst aber auch recht einfach aus Holz und Gitter selbst einen Rahmen bauen und dann zu einem Gehege zusammenfügen.

Das Gehege muss aber definitiv eine Mindesthöhe von einem Meter haben, da die Tiere ansonsten darüber springen könnten. Ist der Bodenbelag sehr empfindlich, dann solltest Du PVC darüberlegen und die Ränder mit Leisten sichern, damit das Material nicht angenagt werden kann. Verwende aber eine etwas rauere Variante, damit die Tiere nicht rutschen. Du kannst auch ein paar kleinere Teppiche darauf auslegen, die dann als Ruheflächen dienen. Idealerweise verwendest Du unterschiedliche Untergründe für mehr Abwechslung, zum Beispiel auch Schalen mit Einstreu oder Natur-Materialien.

2.12 Der Alltag mit den Kaninchen in Wohnungshaltung

Für die Ausgeglichenheit und das Wohlbefinden der intelligenten Tiere sind Beschäftigung und viel Abwechslung ein absolutes Muss. Gönne ihnen also mindestens einmal am Tag längeren Auslauf oder beschäftige Dich intensiv mit ihnen. Sie möchten immer etwas Neues entdecken und an Deinem Leben teilhaben. Am aktivsten sind die Kaninchen am frühen Morgen und am späten Abend, am besten nutzt Du diese Zeiten für etwas Action. Stubenreinheit ist ein wichtiges Thema, wenn es um das Zusammenleben geht, deshalb solltest Du diese unbedingt trainieren. Tunnel, Buddelkisten oder Katzenkratzbäume sind geeignete Spielzeuge für Deine Lieblinge. Stelle sie aber von Zeit zu Zeit um oder tausche sie aus, damit es nicht langweilig wird. Hast Du einen Balkon, können sie auch dort ihren Auslauf genießen. Im Winter sollten sie jedoch nicht von drinnen nach draußen wechseln, weil der Temperaturunterschied doch enorm sein kann. Bringe Deine Tiere in einem zentralen Zimmer unter, damit sie genügend

Ansprache haben.

2.13 Hygiene und Sauberkeit

Deine Zwergkaninchen kannst Du, ähnlich wie Katzen, zur Stubenreinheit erziehen. Dieses Unterfangen gestaltet sich jedoch nicht ganz so leicht wie bei den Stubentigern, und Du musst auch etwas auf Deine Tiere eingehen. Die Kaninchen entscheiden selbst, wo sie ihre Notdurft verrichten möchten. Das ist in der Regel in den Ecken des Raumes oder auch am Rand. Stelle also an diesen Plätzen mehrere Katzentoiletten auf. Du darfst aber nicht davon ausgehen, dass alle Köttel ausnahmslos darin landen werden, weshalb tägliches Saugen angesagt ist. Es wäre ratsam, Dich für möglichst große Katzenklos zu entscheiden, dann landet weniger daneben. Damit in der Wohnung keine unangenehmen Gerüche entstehen, füllst Du zunächst eine Lage Holzpellets hinein und legst dann Stroh oder Heu darauf. Eine mögliche Alternative wäre noch Holz- oder Maisgranulat. Es ist wichtig, dass Du gut saugfähiges Material als Einstreu verwendest, das auch Gerüche zuverlässig bindet. Spätestens nach zwei Tagen solltest Du die Toiletten reinigen und mit Essig-Essenz oder Zitronensäure säubern.

2.14 Typische Probleme bei der Wohnungshaltung

Leider ist die Kaninchenhaltung in der Wohnung nicht ganz unproblematisch. Zum einen wäre da die Stubenreinheit, die nicht bei jedem Tier sicher gewährleistet ist. Du musst also damit rechnen, dass einige Zwergkaninchen nicht zuverlässig die Katzentoiletten nutzen werden. Sollte es mit der Stubenreinheit überhaupt nicht klappen, und Du hast keine Möglichkeit zur Außenhaltung, dann müsstest Du eventuell sogar über eine Abgabe nachdenken. Auf keinen Fall darfst Du das Tier dann in einen Käfig oder Stall sperren.

Manche Tiere haben auch ein sehr starkes Nagebedürfnis, das Du nicht unterbinden kannst. In ihrer natürlichen Umgebung können Kaninchen nach Herzenslust nagen. Um das weitgehend zu verhindern, solltest Du regelmäßig Zweige, Wurzeln und Rinde anbieten. Falls Du eine Wohnung neu einrichtest, setze in diesem Fall lieber auf Metallmöbel.

Eine Buddelkiste mit Sand kann dabei helfen, dass die Tiere nicht in den Katzenklos buddeln. Wundere Dich aber nicht, wenn sie die Kiste dann auch als Klo nutzen. In diesem Fall kannst Du es mit anderem Füllmaterial versuchen. Die normalen Umweltreize von draußen fehlen bei der Innenhaltung einfach, sodass viele Zwergkaninchen nicht ausgelastet sind. Sie machen sich dann häufig an der Einrichtung zu schaffen oder jagen ihre Artgenossen. Unter Umständen kann es aber auch passieren, dass das Fell der anderen angeknabbert wird oder dass Stellen wund geleckt werden. Falls kein separater Auslauf vorhanden ist, dann müssen die Kaninchen unbedingt ein eigenes Zimmer haben, da die Fläche ansonsten nicht reicht.

2.15 Mögliche Nachteile für die Gesundheit der Zwergkaninchen

Auch bei Wohnungshaltung brauchen die Kaninchen

ausreichend Tageslicht und Frischluft. Da UV-Strahlen die Fensterscheiben nicht durchdringen können, leiden viele Tiere unter Vitamin-D-Mangel. Die Heizungsluft und Staub können zur Belastung für die Atemwege und das Immunsystem werden, weshalb Du unbedingt regelmäßig lüften musst. Dass die Tiere von Zigarettenqualm ferngehalten werden müssen, sollte sich von selbst verstehen. Achte bei der Einstreu darauf, dass diese so gut wie nicht staubt. Leider haben viele Zwergkaninchen in Innenhaltung Verdauungsprobleme. Meistens ist eine unnatürliche und einseitige Ernährung der Grund dafür. Selbst bei Wohnungshaltung müssen mehrere Stellen mit Heu vorhanden sein, außerdem täglich frisches Grünfutter und jede Woche verschiedene Zweige zum Abnagen. Beim Grünfutter setzt Du am besten auf frische Gräser, Wiesenkräuter und Blätter. Der Stoffwechsel ist bei Kaninchen in Innenhaltung deutlich langsamer. Zusätzlich ist auch ein Bewegungsmangel nicht auszuschließen, da Umweltreize fehlen.

3. Ernährung

Im Prinzip ist es nicht schwierig, seine Zwergkaninchen abwechslungsreich und gesund zu ernähren. Allerdings lauern ein paar Gefahren, die dann auch schnell negative Auswirkungen auf die Gesundheit und das Wohlergehen der Tiere haben können. Bei den Kaninchen handelt es sich um sogenannte Folivore, also Blattfresser, die sich in freier Wildbahn überwiegend von Knospen, Blattspitzen und anderen grünen Pflanzenteilen ernähren. Zusätzlich stehen auch Rinden und Wurzeln mit auf ihrem Speiseplan. Da Kaninchen noch nicht allzu lange als Haustiere gehalten werden, ist diese Ernährungsweise immer noch maßgeblich.

3.1 Grünfutter als Basis eines gesunden Ernährungsplans

Damit die stetig nachwachsenden Zähne sich abnutzen können, müssen Zwergkaninchen den ganzen Tag über kleine Mahlzeiten zu sich nehmen. Das können dann schon einmal bis zu 80 Mahlzeiten täglich sein. Wenn ständig frische Blätter vertilgt werden, kann die Nahrung auch nicht zu lange im Magen-Darm-Trakt verbleiben. Das hat den großen Vorteil, dass sich Krankheitserreger nicht übermäßig vermehren können und dass es nicht zu Beschwerden mit der Verdauung kommt. Deshalb musst Du dafür Sorge tragen, dass Deine Tiere immer einwandfreies Futter zur Verfügung haben, und das rund um die Uhr.

Biete Deinen Lieblingen jeden Tag eine abwechslungsreiche Mischung aus Wildkräutern, Blättern und Gräsern an. Diese kommt nicht nur ihrer Gesundheit zugute, sondern ist gleichzeitig auch noch

äußert lecker. Solange alle Zutaten frisch sind, werden die Kaninchen bestens mit allen notwendigen Nährstoffen versorgt und sind somit nicht so anfällig für diverse Krankheiten. Die Hälfte der Mischung machen Gräser aus, ansonsten kannst Du auf Klee, Weide, Luzerne, Löwenzahn, Wiesenbärenklau, Wegerich und Schafgarbe setzen. Am besten nimmst Du von allem etwas, sodass der Bedarf an den unterschiedlichen Nährstoffen sicher abgedeckt ist. Wenn immer alles vorrätig ist, können die Tiere selbst nach Bedarf und Geschmack auswählen. Nimmst Du etwas Neues in den Speiseplan mit auf, dann füttere zunächst kleine Mengen, um die Zwergkaninchen daran zu gewöhnen. Besonders begehrt sind alle Teile des Löwenzahns, die zudem auch optimal vertragen werden.

Abbildung 4 - Fütterung

Frisches Grünfutter musst Du jeden Tag erneuern, da es sehr schnell verderben kann. Breite es schön im Schatten aus, sodass es nicht schwitzt und vergammelt. Sammle die Pflanzen bitte keinesfalls an stark befahrenen Straßen oder wenn Du nicht sicher bist, ob sie gespritzt wurden. Frische Zweige kannst Du jederzeit anbieten, denn sie werden gerne zum Knabbern angenommen und fördern zudem die Darmgesundheit. Gut für den Speiseplan geeignet sind unter anderem die folgenden Pflanzen:

- Zweige von Bäumen (Apfel, Kirsche)
- Zweige von Sträuchern (Haselnuss, Heidelbeere, Weide)

- Huflattich
- Giersch
- Beifuß
- Brennnessel
- Brombeerblätter
- Kamille
- Sonnenblume
- Huflattich
- Klee
- Wegwarte

3.2 Heu, Gemüse, Snacks und Getrocknetes

Heu muss Deinen Zwergkaninchen jederzeit und unbegrenzt zur Verfügung stehen. Sie knabbern nicht nur gerne daran herum, sondern beziehen daraus auch lebensnotwendige Rohfasern. Achte unbedingt darauf, dass es nach frischen Kräutern riecht und nicht staubt. Die Halme müssen grün und die unterschiedlichen Kräuter gut erkennbar sein, außerdem sollten sich Blütenstände darin befinden. Fülle frisches Wasser lieber in einen standsicheren Napf und verzichte auf eine Nippeltränke. Diese kannst Du nur schwer säubern, und Deine Tiere können immer nur einzelne Tropfen aufnehmen. Hast Du keine Möglichkeit, an Wildpflanzen zu kommen, dann musst Du eine gute Mischung an Gemüse und Kräutern bereitstellen. In diesem Fall bildet dann das Gemüsegrün den Hauptbestandteil des Futters. Dieses ist wesentlich besser verträglich als das Gemüse an sich. Du musst auch bei neuen Gemüsesorten langsam anfüttern, damit es nicht zu Verdauungsproblemen kommt. Viele Tiere schlingen Frischfutter zu schnell herunter, weil sie bisher nur kleine Mengen bekommen haben. Gib lieber mehrere kleine Portionen über den Tag verteilt und steigere die Menge dann allmählich. Diese Gemüsesorten kannst Du unbesorgt kaufen:

- Feldsalat
- Gurke
- Brokkoli
- Chicorée
- Endivie
- Kohlrabi
- Fenchel
- Rucola
- Sellerie
- Grünkohl
- Wirsing
- Champignons
- Karotten
- Mangold
- Blumenkohl
- Pastinake

- Radicchio

Außerdem kannst Du Deinen Hopplern auch die folgenden Kräuter verfüttern:

- Basilikum
- Dill
- Salbei
- Estragon
- Thymian
- Petersilie
- Kerbel
- Lavendel
- Oregano
- Minze
- Majoran
- Melisse

Wenn Du Deinen Tieren kleine Leckerlis geben möchtest, dann greife bitte nicht auf solche aus dem Handel zurück. Diese enthalten meistens jede Menge Zucker und sind somit gesundheitsschädlich. Belohne sie stattdessen lieber ab und zu mit kleinen Stückchen Obst. Besonders geeignet sind Äpfel, Birnen, Kirschen, Bananen, Zwetschgen, Himbeeren, Erdbeeren, Mirabellen und Heidelbeeren. Die Nahrung ergänzen kannst Du mit wenig Getreide oder Samen wie beispielsweise Haferflocken, Leinsamen, Sonnenblumenkernen oder Gerste. Sie enthalten essenzielle Fettsäuren und Aminosäuren und können auch zum Aufpäppeln von schwachen Kaninchen verwendet werden. Davon darfst Du jedoch nicht allzu viel verfüttern, da diese Komponenten sehr kalorienreich sind.

Getrocknetes sollte nur die Ausnahme bei der Ernährung Deiner Zwergkaninchen bilden, da durch den Feuchtigkeitsmangel die Verdauung ins Stocken geraten kann. Neben den Verdauungsproblemen können sie auch Blasengries verursachen. Kleinere Mengen getrockneter Kräuter, Blüten oder Blätter kannst Du ihnen hingegen reichen. Das gilt vor allem für die kalte Jahreszeit, wenn Du draußen nichts sammeln kannst.

3.3 Futtermittel aus dem Fachhandel machen krank

Wenn Dir die Gesundheit und das Wohlergehen Deiner Zwergkaninchen am Herzen liegt, dann solltest Du unter keinen Umständen Futtermischungen aus dem Zoogeschäft kaufen. Diese können zwar kurz als Notlösung herhalten, eignen sich aber keineswegs für die dauerhafte Ernährung. Es handelt sich in der Regel um Abfälle aus industrieller Herstellung, die dann zerkleinert und aromatisiert wurden. Lediglich die künstlichen Aromastoffe bewirken, dass das Futter von den Kaninchen verzehrt wird. Diese Ernährungsform entspricht nicht deren Natur und kann demnach nur krank machen. Vor allem der Verdauungstrakt leidet stark unter solchen Futtermitteln. Lass Dich also nicht von den Werbeversprechen der Hersteller täuschen, die wichtige Nährstoffe und gesunde Vitamine propagieren.

Zahnerkrankungen

Es gibt eine ganze Reihe an Erkrankungen, die durch Trockenfutter gefördert werden. Zahnerkrankungen offenbaren sich meistens erst durch Röntgenbilder oder eine Untersuchung in Vollnarkose. Sind Zahnwurzelerkrankungen weiter fortgeschritten, können die Augen tränen und die Nase laufen. Nicht selten wird dann zunächst ein Schnupfen diagnostiziert. Das Trockenfutter ist stark sättigend, sodass Deine Kaninchen viel zu wenig Grünfutter fressen. In der Folge nutzen sich die Zähne nicht ab, sodass der Tierarzt sie in Narkose abschleifen muss. Der Zusatz von Zucker in vielen Futtermischungen gefährdet zudem die Zahngesundheit.

Verdauungsbeschwerden

Verdauungsbeschwerden wie Durchfall, Verstopfung oder Blähungen können auf Trockenfutter zurückzuführen sein. Da das Trockenfutter vermahlen ist, mangelt es an grob strukturierter Nahrung, welche normalerweise die Darmtätigkeit anregt. Außerdem siedeln sich schädliche Bakterien im Darm an, was in einer gestörten Darmflora resultiert. Durch das Trockenfutter und den geringeren Verzehr an Grünfutter mangelt es dem Körper an Wasser, sodass eine Durchspülung der Harnwege nicht möglich ist. Selbst durch das Trinken von ausreichend Wasser kann dies nicht ausgeglichen werden. Kalzium lagert sich in der Harnblase und den Nieren ab, und zugesetztes Vitamin D verursacht ebenfalls Ablagerungen. Auf diese Weise sind Blasen- und Nierensteine fast schon vorprogrammiert.

Über- oder *Untergewicht*

Übergewicht wird häufig bei dauerhafter Fütterung mit Fertigmischungen beobachtet. Das kann die Organe so schädigen, dass die Tiere später dann eher abmagern. Das Übergewicht belastet die Gelenke und Knochen der Zwergkaninchen enorm, und sogar Verdauungsbeschwerden wird dadurch Vorschub geleistet. Das liegt daran, dass es durch Verfettung zu einer Verdrängung der Organe kommt. Das Fertigfutter liegt schwer im Magen, und der Stoffwechsel wird gleichzeitig ausgebremst, weshalb die Tiere zunehmend träger und ruhiger werden. Da es wesentlich schneller satt macht, sind die Tiere weniger mit dem Fressen beschäftigt, sodass sie oftmals unter Langeweile leiden und dann Verhaltensauffälligkeiten entwickeln.

3.4 Die Zusammensetzung des Trockenfutters

Natürlich findest Du auf der Verpackung die Zusammensetzung des Futtermittels. Findest Du keine Angaben bezüglich der Inhaltsstoffe, solltest Du ohnehin die Finger davonlassen. Leider verbietet das Gesetz nicht, dass sich auch nicht aufgeführte Zutaten im Futter befinden dürfen. Also, selbst wenn Inhaltsstoffe angegeben werden, kannst Du Dir nie sicher sein, was tatsächlich im Trockenfutter steckt. Häufig wird auch nur die jeweilige Futtergruppe genannt, die sich ganz unterschiedlich zusammensetzen kann.

Unter pflanzlichen Nebenerzeugnissen werden alle Pflanzenteile aus Industrieabfällen verstanden. Getreide und Saaten sind ebenfalls sehr dehnbare Begriffe, denn weder die Art noch die Form sind dadurch definiert. Sowie Milcherzeugnisse, haben auch Eiererzeugnisse grundsätzlich nichts im Kaninchenfutter verloren und können sehr gesundheitsschädlich sein. Gemüse und Früchte liegen immer nur in verarbeiteter Variante vor. Bei Ölen und Fetten kann es sich um pflanzliche und tierische Sorten handeln. Unter Zucker fassen die Hersteller alle möglichen Zuckerarten zusammen.

Futtermischungen sind in der Regel stark gestreckt, und zwar mit billigen Füllstoffen, damit die Herstellung kostengünstig bleibt. Meistens verwenden die Firmen dafür günstiges Getreide oder Industrieabfälle. Den Herstellern geht es in erster Linie um eine möglichst günstige Produktion, ob eine gesunde Ernährung der Kaninchen sichergestellt ist, wird erst einmal als zweitrangig betrachtet. Die Zutaten erfüllen nicht die Ansprüche an einen optimalen Vitamin- und Mineralstoffgehalt, auch wenn diese Stoffe künstlich zugesetzt werden. Grundsätzlich sind alle Mischfuttermittel viel zu energiereich, sodass Übergewicht die logische Folge dieser Ernährung ist. Die unnatürlichen Futtermittel enthalten große Mengen an Zucker und Stärke, was auch dazu führt, dass die Hefepilze im Darm überhandnehmen, da diese sich davon ernähren.

3.5 Struktur der Futtermittel bereitet Kaninchen Probleme

Die einzelnen Bestandteile der Futtermischungen werden durch Mahlung verarbeitet, wobei die komplette Struktur verloren geht. Diese bräuchten die Zwergkaninchen jedoch, damit sich ihre nachwachsenden Zähne abreiben. Da das Futter schon so stark zerkleinert ist, müssen die Tiere kaum noch kauen und schlucken es rasch herunter. Außerdem mahlen die Zähne nicht in gleichmäßigen Bewegungen, sodass das unnatürliche Kauen auch die Zahnwurzeln enorm belastet. In der Folge können sich die Wurzeln weiter runter in den Kiefer verschieben und dort im schlimmsten Fall auch durchbrechen. Die betroffenen Zwergkaninchen leiden dann unter Schmerzen und entwickeln zunehmend Kieferabszesse. In der Folge tränen auch meistens die Augen, da die Zahnwurzeln direkt neben dem Tränennasenkanal liegen.

Doch nicht nur die Zahngesundheit leidet unter den viel zu kleinen Partikeln im Futter. Die Struktur der einzelnen Zutaten ist auch für die Verdauung von entscheidender Bedeutung. Diese zermahlenen Bestandteile müssen im Blinddarm verarbeitet werden, sodass wesentlich mehr Blinddarmkot produziert wird, was wiederum Blinddarmentzündungen provozieren kann. Die Struktur ist für den schnellen Weitertransport der Nahrung im Verdauungstrakt notwendig, um Durchfall oder Verstopfung zu verhindern. Ein weiteres Problem stellt die extreme Quellfähigkeit des Futters dar. Wird es im Magen mit Magensäure oder Wasser vermengt, kann das Volumen um das Fünffache zunehmen. Da dies bei natürlichem Futter nicht der Fall ist, werden die Magenwände stark gedehnt, was von heftigen Schmerzen begleitet werden kann.

3.6 Bedenkliche Zusatzstoffe in Futtermischungen

Problematisch ist die Tatsache, dass das deutsche Gesetz nicht die Angabe aller Inhaltsstoffe auf der Verpackung verlangt. Eine separate Deklaration von Verdickungsmitteln, Emulgatoren, Appetitanregern, Stabilisatoren oder Säureregulatoren ist demnach nicht zwingend notwendig. Der deutsche Tierschutzbund ist natürlich darum bemüht, hier eine Kennzeichnungspflicht durchzusetzen. So werden zum Beispiel Farbstoffe, Konservierungsmittel und Antioxidantien nur als Überbegriffe genannt.

Da die Futtermittel während des Verarbeitungsprozesses stark erhitzt werden müssen, gehen viele Vitamine verloren. Damit sie wieder als Futter verwendet werden können, müssen diese dann wieder künstlich zugefügt werden. Laut Packung enthalten die Mischungen dann zwar alle lebensnotwendigen Vitamine, doch diese sind den natürlichen nicht gleichwertig. Darüber hinaus muss man in der Regel auch eher von einer Überdosierung ausgehen, die Schäden an verschiedenen Organen begünstigen kann. Auch wichtige Aminosäuren müssen den Futtermitteln wieder zugesetzt werden. Mineralstoffe sind hingegen ohnehin bereits in zu großen Mengen darin enthalten, und dennoch werden die Mischungen noch zusätzlich damit angereichert. Im schlimmsten Fall müssen Kaninchenhalter Nieren- und Blasenproblemen bei ihren Tieren rechnen. Einige Produkte enthalten Probiotika, damit die Darmgesundheit nicht negativ beeinträchtigt wird. Dazu findet man auch noch bestimmte Enzyme darin, damit einige Bestandteile des Futters überhaupt verdaut werden können.

Auch bezüglich der Farbe und des Geschmacks wird sehr gerne nachgeholfen, um die Futtermittel besser verkaufen zu können. Da Industrieabfälle in der Regel eine unappetitliche Farbe haben, verwenden die Hersteller Farbstoffe zur optischen Aufwertung. Werden natürlich rote Früchte, gelbe Getreidekörner und grüne Kräuter imitiert, fühlen sich die

Halter nicht schlecht bei der Verfütterung. Die grünen Pellets werden dann gerne als Heu oder Kräuter in gepresster Form angesehen.

Damit die einzelnen Komponenten schön locker in der Verpackung liegen, müssen Trennmittel zum Einsatz kommen. Natürlich sollte das Futter auch nicht rasch verderben, was nach Konservierungsmitteln und Antioxidantien schreit. In der Mast ist es erklärtes Ziel, die Tiere durch den Zusatz von künstlichen Aromen zum vermehrten Fressen zu animieren. Durch die Fütterung der Mischungen aus dem Handel hat der Kaninchenhalter den Eindruck, dass diese den Tieren besonders gut schmecken. Natürlich regen die Zusatzstoffe den Appetit an und erzeugen sogar eine Art Sucht.

Nicht alle Zusatzstoffe sind zwangsläufig gefährlich für Deine Zwergkaninchen, einige Substanzen könnten aber sehr wohl die Gesundheit gefährden. Sie könnten unter anderem das Risiko für die Entwicklung von Asthma, Krebs oder Allergien begünstigen.

Inzwischen bekommst Du im Fachhandel auch spezielles Strukturfutter für Zwergkaninchen, das mit Vitaminen angereichert wurde. Im Prinzip ist dies sehr sinnvoll, da die einzelnen Zutaten nicht zerkleinert wurden. Somit ist es dem üblichen Trockenfutter schon mal deutlich überlegen. In der Tat kannst Du es als sehr energiereiches Futter für größere Tiere in der Außenhaltung verwenden, vor allem in der kalten Jahreszeit. Diese Futtermittel sind recht kostengünstig und versorgen Deine Kaninchen zumindest mit den wichtigen Vitaminen. Allerdings musst Du berücksichtigen, dass sie etwa zur Hälfte aus Getreide bestehen. Ein solches Energiefutter ist für Zwergkaninchen in Innenhaltung definitiv nicht geeignet.

Leider ist die Auswahl an Kräutern auch nicht sehr groß, denn es werden nur zweierlei Kräuter verarbeitet, wobei den Großteil Luzerne ausmachen. Die künstlichen Vitamine entsprechen nicht den natürlichen und können sogar gesundheitliche Schäden verursachen. Ein solches Strukturfutter kann demnach nur als Ergänzung oder als Energielieferant in gewissen Fällen dienen.

4. Krankheiten

Leider sind Zwergkaninchen mittlerweile sehr anfällig gegenüber gewissen Krankheiten und gesundheitlichen Problemen geworden, was Teils der Überzüchtung zuzuschreiben ist. Es ist deshalb ungeheuer wichtig, dass Du Deine Tiere täglich beobachtest und selbst bei kleineren Auffälligkeiten den Tierarzt konsultierst. Du musst dabei sehr aufmerksam sein, denn die ersten Anzeichen sind in der Regel sehr unauffällig. Das liegt in der Natur, dass Tiere sich erst sehr spät anmerken lassen, dass mit ihnen etwas nicht stimmt. In freier Wildbahn sichert dies einfach ihr Überleben, wenn sie möglichst keine Schwäche zeigen. Bei Haustieren kann dies leider ganz schnell zum Verhängnis werden, denn selbst schwer erkrankte Kaninchen bleiben oftmals unbemerkt.

Man hört häufiger, dass Tiere auf einmal tot aufgefunden wurden, obwohl es ihnen am Tag zuvor scheinbar noch blendend ging. Eventuell hat es weniger gefressen oder mehr getrunken, aber viele sahen darin noch keinen Grund, einen Veterinärmediziner aufzusuchen. Umso größer ist der Vorteil bei freier Wohnungshaltung, denn wenn Du im Alltag eng mit Deinen Zwergkaninchen verbunden bist, werden Dir Veränderungen wahrscheinlich gleich ins Auge fallen. Nachfolgend sind ein paar typische Auffälligkeiten und mögliche Ursachen dafür aufgeführt.

Verhalten

Du kennst Deine Zwergkaninchen am besten, vor allem, wenn sie mit Dir in der Wohnung leben. Normalerweise wirst Du schnell bemerken, falls sich eines davon anders als sonst verhält.

Als Fluchttiere müssen sie in der Natur immer auf der Hut sein, um nicht von ihren Feinden erbeutet zu werden. Selbst wenn Dein Kaninchen unter schlimmsten Schmerzen leidet, wird es Dir das erst dann zeigen, wenn es kaum mehr Energiereserven hat. Dir fällt vielleicht auf, dass eines der Tiere sich nicht gleich blicken lässt, wenn Du frisches Futter bringst. Oder es nimmt den Freilauf nicht wie sonst an, weil es lieber seine Ruhe haben möchte.

Apathisches Verhalten ist immer ein Warnzeichen bei ansonsten sehr agilen Zwergkaninchen. Ist es plötzlich sehr verschmust und anhänglich, dann sollten bei Dir auch die Alarmglocken schrillen. Weitere Indizien für Erkrankungen können auch Erschöpfung, Zusammenkauern oder fehlende Reaktionen auf Reize aus dem Umfeld sein. In der Regel ist der Zustand dann schon fast lebensbedrohlich, und Du darfst nicht lange zögern. Was genau dahintersteckt, das kann nur ein Tierarzt herausfinden, und das hoffentlich schnell. Abklären lassen solltest Du auch Lahmen, Humpeln, das Einnehmen einer Schonhaltung oder abstehende Gliedmaßen.

Fressverhalten/Gewichtsabnahme

Kaninchen fressen normalerweise fast rund um die Uhr. Sollte eines der Tiere also mehrere kleine Mahlzeiten ausfallen lassen oder überhaupt nichts mehr zu sich nehmen, dann muss es ihm sehr schlecht gehen. Eventuell hat es zwar Hunger, aber es kann die Nahrung nicht bei sich behalten oder nichts abbeißen. Auch wenn der Speichelfluss auffallend stark ist, kann dies ein Hinweise auf Erkrankungen der Zähne oder des Mundraums sein. Frisst ein Kaninchen deutlich weniger, dann handelt es sich häufig um eine chronische Erkrankung, die sich allmählich verschlimmert. Stellst Du irgendwelche Veränderungen im Fressverhalten fest, gehe bitte umgehend zum Tierarzt, auch am Wochenende. Wenn Zwergkaninchen längere Zeit keine Nahrung zu sich nehmen, dann kann das lebensbedrohlich werden.

Natürlich haben auch Kaninchen mit Gewichtsschwankungen zu kämpfen. Im Herbst legen sie an Gewicht zu, um sich Reserven für den Winter zu schaffen. Im Frühling geht der Winterspeck dann schnell wieder verloren. Fällt Dir jedoch ein rascher Gewichtsverlust auf, der Dein Haustier fast schon abgemagert aussehen lässt, dann steckt garantiert ein ernsthaftes gesundheitliches Problem dahinter. Da die Ursachen für eine Gewichtsabnahme sehr vielfältig sein können, muss der Tierarzt meistens ein Blutbild machen.

Zustand von Fell und Haut

Im Herbst und im Frühjahr machen Kaninchen einen Fellwechsel durch, sodass sie in dieser Zeit besonders stark haaren. Leben Deine Tiere in Innenhaltung, dann kann es in diesem Fall eine zeitliche Verschiebung geben. Unter Umständen reißen sich Weibchen selbst Fell heraus, um es für den Nestbau zu verwenden. Dies deutet meistens auf eine Scheinträchtigkeit hin, die jedoch nicht behandelt werden muss. Lediglich wenn ein Kaninchen dies ständig tut, sollte ein Tierarzt doch einmal einen Blick auf sie werfen. Reißen sich die Tiere untereinander Haare raus, knabbern sie sich an oder lecken sie sich wund, dann musst Du die Gruppe vielleicht anders zusammenstellen.

Häufiges Kratzen, Schuppen, Krusten, Rötungen oder

Kahlstellen können auf Milben oder einen Pilzbefall hindeuten. Wunden auf der Haut gehören immer umgehend in ärztliche Behandlung. Ist das Fell verschmutzt oder verfilzt, kann sich das Kaninchen wahrscheinlich nicht mehr richtig putzen. Es leidet dann eventuell unter Schmerzen, Erkrankungen der Gelenke oder Durchfall. Ist das Fell am Kinn immer nass, dann liegt womöglich eine Zahnerkrankung vor. Gesundes Fell muss glänzen und darf nicht struppig oder verklebt sein. Auch blasse Schleimhäute oder Schorf an den Lippen gehören umgehend abgeklärt.

Veränderungen der Augen

Die Augen des Kaninchens sind ein äußerst sensibler Körperteil. Wird hier bei Auffälligkeiten nicht umgehend eingegriffen, kann dies sogar zur Erblindung des Tieres führen. Meistens tränen die Augen, oder Du bemerkst immer wieder Ausfluss. Äußere Verletzungen an den Augen sollten Dir eigentlich gleich auffallen. Oftmals stehen Augen auch stärker hervor oder sind verdreht. Sehr verdächtig sind häufiges Blinzeln oder das Zusammenkneifen der Augen. Schwellungen oder Verletzungen der Lider, Rötungen, erhöhte Lichtempfindlichkeit oder Trübungen der Linse müssen immer ernst genommen werden. Wenn es um die Augen geht, solltest Du Dich lieber an einen Spezialisten für Augenheilkunde wenden, da normale Tierärzte unter Umständen überfordert sein könnten.

Kot

Auch am Aussehen des Kots kannst Du einiges über den

Gesundheitszustand Deiner Zwergkaninchen ablesen. Sind die Köttel sehr groß und hell, dann weißt das daraufhin, dass Deine Tiere zu viel Unverdauliches zu sich nehmen. Das bedeutet, dass Du wahrscheinlich zu viel Heu und zu wenig Grünfutter anbietest. Der ideale Kot eines Zwergkaninchens ist schwarz und hat eine runde Form oder ist tropfenförmig. Ist der Kot auffallend klein, hart und kantig, dann nimmt Dein Kaninchen zu wenig Nahrung auf. Während des Fellwechsels fallen Dir vielleicht richtige Köttel-Ketten auf. Das kommt davon, wenn Haare aufgenommen und dann zwischen den einzelnen Kötteln hängen.

Eine Vorstufe von Durchfall bildet matschiger Kot, der meistens durch eine falsche Ernährung zustande kommt. Durchfall erkennst Du nicht nur an wässrigem Kot in der Einstreu, sondern auch am verschmutzten Fell rund um den After. Blinddarmkot ist wesentlich weicher, wobei mehrere glänzende Köttel immer wie Weintrauben angeordnet sind. Meistens fressen die Tiere diesen vitaminreichen Kot gleich wieder, sodass Du ihn nicht so häufig zu Gesicht bekommst. Bemerkst Du größere Mengen Blinddarmkot in der Toilette, dann solltest Du die Ursache abklären lassen. Kotfressen ist somit etwas vollkommen normales und sollte deshalb kein Anlass zur Sorge sein.

Unter Umständen leidet Dein Kaninchen unbemerkt unter Darmparasiten, weshalb Du regelmäßig Kotproben untersuchen lassen solltest. Meistens haben es diese Tiere mit Würmern oder Kokzidien zu tun. Werden diese nicht frühzeitig behandelt, können sich nach einiger Zeit Verdauungsstörungen einstellen. Darüber hinaus werden aber auch dic Abwehrkräfte des Tieres geschwächt, sodass es anfälliger gegenüber diversen Krankheiten ist. Aus diesen Gründen lass am besten zweimal jährlich den Kot Deiner Tiere untersuchen.

Bemerkst Du Veränderungen des Kots ohne eine Beeinträchtigung des Allgemeinzustands, kannst Du am nächsten Tag zum Tierarzt gehen. Geht es dem Kaninchen aber augenscheinlich schlecht, geh bitte gleich zum Notdienst. Ein Fall für den Notdienst ist auch ein Tier, das überhaupt keinen Kot mehr absetzen kann. Bei weiblichen Zwergkaninchen solltest Du auf möglichen Ausfluss aus der Scheide achten. Dringend behandlungsbedürftig sind auch Tiere, die trotz Pressens keinen Urin mehr ausscheiden können.

Urin

Auch auf den Urin Deiner Tiere solltest Du regelmäßig ein Auge werfen. Normaler Urin von Kaninchen ist aufgrund der Ausscheidung von Kalzium etwas trüb. Fällt die Trübung allerdings sehr stark aus, solltest Du mehr Frischfutter anbieten, da die Nahrung zu trocken ist. Wenn der Urin etwas sandig und eingedickt wirkt, dann kommt das von einer zu geringen Wasseraufnahme und dadurch verursachte Ablagerungen.

Erschrecke nicht sofort, wenn der Urin orange, rot oder gar schwarz ist, denn das rührt meistens von verschiedenen Futtermitteln her. Selbst bei rotem Urin müssen die Tiere aber nicht zwangsläufig etwas Rotes verzehrt haben. Diese rötliche Färbung kann auch durch Oxidation an der Luft oder die Gabe von bestimmten Medikamenten entstehen. Darüber hinaus kann sie auch die Folge von starkem Stress sein, wie beispielsweise während einer Vergesellschaftung. In diesem Fall wird er auch gerne zum Markieren ausgeschieden. Bist Du Dir unsicher, dann kannst Du mittels Teststreifen aus der Apotheke eventuell vorhandenes Blut nachweisen. Blut zeigt sich meistens nicht in komplett rotem Urin, sondern eher in roten Tropfen oder Schlieren. Bei Weibchen kann dieses Blut aber auch aus der Gebärmutter stammen.

Ist der Urin eines Zwergkaninchens klar und gelb, dann nimmt es meistens viel Wasser auf. Auf der anderen Seite könnte sich aber auch ein Kalziummangel dahinter verbergen, der durch die Ernährung oder eine chronische Nierenerkrankung hervorgerufen wird. Etwas klarer ist der Urin bei Kaninchen auch, wenn sie unter Diabetes leiden. Auch bei trächtigen Weibchen und bei jungen Tieren ist der Urin klarer als sonst.

Verdickungen/Schwellungen

Wenn Du Deine Kaninchen streichelst, sollten Dir Knoten oder Schwellungen eigentlich gleich auffallen. Die einzige normale Schwellung befindet sich beim Kaninchen am Kinn, nämlich die sogenannte Wamme. Häufiger zu Schwellungen kommt es im Genitalbereich oder an den Augenlidern. Fühlst Du unter der Haut irgendwelche Knubbel, dann kann es sich um Abszesse oder Tumore handeln. Verdauungsprobleme können sich in einem harten und aufgeblähten Bauch äußern. Falls das Gesäuge bei einem nicht trächtigen Weibchen geschwollen ist, solltest Du auch einen Tierarzt aufsuchen.

Ohren, Nase und Zähne

Bei einem gesunden Kaninchen müssen die Ohren frei von Schuppen und Schorf sein. Auch darfst Du dort keine Rötungen oder Verklebungen erkennen können. Auch ein verstopftes Ohr kann auf eine Ohrentzündung oder Ohrmilben hinweisen. Meistens wird sich Dein Zwergkaninchen dann auch auffallend oft am Ohr kratzen. Die Nase muss frei von Ausfluss sein und darf keine Verklebungen aufweisen. Wenn ein Tier sich häufiger die Nase putzt, öfter niest oder Du Kahlstellen im Bereich der Nase sehen kannst, musst Du umgehend einen Tierarzt konsultieren. Nicht nur Erkrankungen der Atemwege können sich dahinter verbergen, sondern auch Probleme mit den Zähnen.

Zähneknirschen kannst Du hören, wenn Dein Zwergkaninchen ganz entspannt ist. Auf der anderen Seite kann es aber auch ein Hinweise auf Schmerzen sein. Beobachte Deine Tiere in diesem Fall sehr gut und achte auf andere Auffälligkeiten. Erkrankungen der Zähne erkennst Du an zu langen, abgebrochenen, verfärbten oder krummen Zähnen. Da die Zähne ein Leben lang nachwachsen, müssen Probleme sehr ernst genommen werden. Leider sind ohne aufwendige Untersuchung nur die Vorderzähne zu beurteilen, Probleme mit den Backenzähnen bleiben deshalb länger verborgen. Bei irgendwelches Auffälligkeiten bezüglich Verdauung, Nahrungsaufnahme oder der Beschaffenheit des Kots, sollte deshalb auch immer an die Zähne als mögliche Ursache gedacht werden.

Neurologische Auffälligkeiten

Neurologische Ausfallserscheinungen sollten Dir eigentlich sofort ins Auge springen. Ein schief gehaltener Kopf, Krampfanfälle, Trübungen des Bewusstseins, Lähmungen, plötzliches Umfallen oder Gleichgewichtsprobleme sind immer ein Notfall. Die Ursachen dafür können sehr vielseitig sein, weshalb eine aufwendige Diagnostik unerlässlich ist. Neben einem Blutbild müssen oftmals noch Röntgenbilder angefertigt werden.

Atmung

Achte unbedingt auf die Atmung des Kaninchens, wenn Du seinen Gesundheitszustand beurteilen möchtest. Atemgeräusche sind kaum zu überhören, auch eine verlangsamte oder beschleunigte Atmung fällt Dir normalerweise sofort auf. Sehr verdächtig sind auch eine extreme Flankenatmung oder das Öffnen des Mauls beim Atmen. Unter Umständen muss das Tier auch seinen Kopf in den Nacken legen, um gegen die Luftnot ankämpfen zu können. Bei Atembeschwerden besteht grundsätzlich Lebensgefahr, sodass Du keinen Moment zögern darfst.

4.1 Virusinfektionen bei Zwergkaninchen

Bestimmte Viren sind bei Zwergkaninchen leider keine Seltenheit, wobei die Infektionen leicht oder schwer verlaufen können. Auf jeden Fall musst Du Deine Tiere bei Verdacht auf eine solche Infektion immer umgehend einem Tierarzt vorstellen. Einige Virusinfektionen können den Kaninchen sehr stark zusetzen und innerhalb kürzester Zeit lebensbedrohlich werden. Der Zustand kann sich rasend schnell verschlechtern und mit dem Tod des Tieres enden. Darüber hinaus sind viele der Infektionen aber auch ansteckend, sodass Du an den Schutz der Artgenossen denken musst. Die Chinaseuche und die

Myxomatose sind hochinfektiös und verlaufen meistens tödlich. Deshalb solltest Du bei den ersten Anzeichen handeln, und die anderen Zwergkaninchen von einem erkrankten Tier trennen.

Chinaseuche

Die Übertragungswege dieser, auch als RHD bekannten Viruserkrankung sind sehr vielfältig. Die Kaninchen stecken sich entweder über Parasiten, Tierfutter oder Stechmücken an. Die typischen Symptome sind dann Apathie, Appetitlosigkeit, beschleunigte Atmung, schlechtes Allgemeinbefinden. Nicht selten sterben Tiere auch ohne irgendwelche Anzeichen über Nacht. Der Erreger dieser Infektion ist äußerst widerstandsfähig und bleibt auch bei sehr geringen Temperaturen äußerst ansteckend. Zum Glück überträgt sich das Virus zumindest nicht auf Menschen und andere Tiere im Haushalt. Hat sich eines Deiner Zwergkaninchen infiziert, bleibt Dir nur noch der Schutz der anderen Kaninchen. Die erkrankten Tiere können nur in Ausnahmefällen gerettet werden. Du kannst der Chinaseuche jedoch vorbeugen, indem Du Deine Zwergkaninchen jedes Jahr dagegen impfen lässt.

Myxomatose

Leider sind die Symptome bei dieser Infektionskrankheit nicht einheitlich und eindeutig zuzuordnen. Das ist auch der Grund, weshalb die Virusinfektion erst sehr spät erkannt wird, sodass immer noch viele Tiere sterben. Der Verlauf der Erkrankung kann ebenfalls sehr unterschiedlich sein, da es verschiedene Virusstämme gibt. Darüber hinaus sind manche

Zwergkaninchen scheinbar auch anfälliger dafür als andere. Mögliche Anzeichen für Myxomatose können Augenentzündungen, geschwollene Augen, Ausfluss aus den Augen und Ödeme unter der Haut sein. Auch dieses Virus ist sehr robust, sowohl Kälte als auch Trockenheit töten es nicht ab. Aus diesem Grund kann das Virus in einer Umgebung bis zu einem halben Jahr infektiös sein. Das musst Du auch berücksichtigen, wenn Du anschließend ein neues Kaninchen aufnehmen möchtest. Vor Myxomatose kann allerdings eine Impfung schützen, die nach der Grundimmunisierung in gewissen Intervallen aufgefrischt werden muss.

Kokzidiose

Die sogenannten Kokzidien sind Parasiten, die sich im Darm stark vermehren können. Da es insgesamt sieben verschiedene Arten davon gibt, können die Schäden stark variieren. Die gefährlichste Spezies greift die Leber und die Galle der Tiere an. Mögliche Symptome der Kokzidiose können Durchfall, Appetitmangel, Abmagern, Blähungen, Verweigerung der Wasseraufnahme und ein geschwächtes Immunsystem sein.

Da für die Übertragung meistens eine schlechte Haltung mit mangelnder Hygiene verantwortlich ist, kannst Du selbst einiges zum Schutz beitragen. Achtest Du auf eine artgerechte Haltung mit gründlicher Reinigung der Gehege, sollte die Kokzidiose eigentlich kein Thema sein. Falls doch, dann musst Du während der Behandlung Deiner Kaninchen immer alles sorgfältig desinfizieren, was für die komplette Umgebung gilt. Vor einer geplanten Vergesellschaftung sollten immer Kotproben untersucht werden, um das Einschleppen von Kokzidien zu verhindern. Die widerstandsfähigen Parasiten bedürfen in der

Regel einer Behandlung über einen Zeitraum von zwei Wochen. Nach Abschluss der Behandlung muss der Kot der Zwergkaninchen noch einmal untersucht werden.

Enzephalitozoonose

Der Parasit Encephalitozoon cuniculi ist für diese Erkrankung verantwortlich, die auch als Schiefkopf bekannt ist. Infizierte Zwergkaninchen scheiden diesen Erreger über ihren Urin aus und stecken andere Tiere dadurch an. Die Krankheit ist hochgradig ansteckend und kann einen sehr schweren Verlauf nehmen. Experten sind inzwischen der Ansicht, dass rund 80 Prozent aller Kaninchen diesen Erreger bereits in sich tragen, er aber nur unter gewissen Voraussetzungen eine Erkrankung hervorruft. Diese Infektion erkennst Du unter anderem an der typischen Schiefhaltung des Kopfes, Lähmungserscheinungen, Störungen des Gleichgewichts, Koordinationsproblemen, Drehungen und auffällige Nierenwerte. Das Nervensystem kann stark geschädigt werden, weshalb umgehendes Handeln nötig ist. Wird keine Behandlung eingeleitet, wird das betroffene Tier definitiv qualvoll verenden.

Pasteurellose

Diese bakterielle Infektion ist Dir wahrscheinlich eher als Kaninchenschnupfen geläufig. Auch wenn Schnupfen eher harmlos klingt, ist es diese Infektionskrankheit definitiv nicht. Du kannst sie auch nicht mit einem herkömmlichen Schnupfen, also gleichermaßen einer Erkältung, vergleichen. Mit dem Erreger Pasteurella multocida kommen viele Zwergkaninchen in

Kontakt, allerdings kommt es nur zu einem Krankheitsausbruch, wenn das Immunsystem angeschlagen ist. Der Erreger ist überwiegend in den Nasenschleimhäuten zu finden, sodass man ihn im Sekret gut nachweisen kann. Angesichts der Tatsache, dass häufig noch andere Erreger mit im Spiel sind, sind die Heilungschancen leider nicht mehr so gut. Mögliche Symptome einer Pasteurellose können neben dem Nasenausfluss auch Niesen, eine schwere Atmung, verklebte Nasenlöcher und Appetitlosigkeit sein. Da diese Erkrankung von zahlreichen Kaninchenhaltern unterschätzt wird, sterben immer noch zu viele Tiere daran. Also, selbst wenn Deine Tiere nur einen Schnupfen haben, lass ihn lieber vom Tierarzt abklären.

4.2 Zahnprobleme sind bei Kaninchen weitverbreitet

Ein Großteil der Zwergkaninchen wird früher oder später Probleme mit den Zähnen bekommen. Das liegt schlichtweg daran, dass die Zähne stetig wachsen und sich deshalb abnutzen sollten. Die häufigste Ursache ist demnach ein mangelnder Abrieb, der von der Ernährung herrührt. Sofern Du bei der Ernährung auf ausreichend Abrieb achtest, sollte es hier also keine Probleme geben, und der Tierarzt muss die Zähne nicht kürzen. Deine Tiere brauchen Futter, das reich an Rohfasern ist und sollten außerdem viel Möglichkeiten zum Nagen haben. Du musst ihnen also täglich Stroh, Gräser, Heu und Zweige zum Knabbern anbieten. Man könnte jetzt meinen, dass auch Trockenfutter und hartes Brot bestens dafür geeignet sind, dem ist jedoch nicht so. Das Brot wird durch Speichel aufgeweicht, dann taugt es nicht mehr für den Zahnabrieb.

Vor allem das Nachwachsen der Backenzähne ist äußerst problematisch, da es im hinteren Bereich auch nicht auffällt. Diese Zähne werden mit der Zeit spitzer und können die Backentaschen, das Zahnfleisch und die Zunge verletzen. Liegen Zahnprobleme vor, dann kannst Du das am vermehrten Sabbern, am langsameren Fressen, an Appetitlosigkeit, verminderter Aufnahme von Heu, Gewichtsverlust und Verletzungen im Maul erkennen. Meistens müssen die Zwergkaninchen dann in Narkose gelegt werden, um die Zähne abschleifen zu können. Sobald Deine Tiere Probleme mit den Zähnen haben, denke einmal gründlich über die Ernährungsweise nach. Wahrscheinlich entdeckst Du ein paar Fehler, die Du ganz leicht korrigieren kannst. Zudem solltest Du die Zähne auch in regelmäßigen Abständen kontrollieren lassen.

Nicht nur das Wachstum der Zähne kann zum Problem werden, auch die Wurzeln können in die Länge wachsen. In der Regel macht sich das in einer Schwellung am Unterkiefer bemerkbar, die Du gut ertasten kannst. Die Anfertigung einer Röntgenaufnahme kann diesen Verdacht dann schnell bestätigen. Mögliche Symptome können Fressunlust, die Verweigerung der Nahrungsaufnahme, geringere Trinkmengen oder eine Bindehautentzündung sein. Letztere kommen dadurch zustande, dass sich das Krankheitsgeschehen in der Nähe der Augen abspielt. Nur mithilfe einer Röntgenaufnahme kann der Arzt die Entzündung im Kiefer lokalisieren und den Schweregrad einschätzen. An den Zahnwurzeln können sich Abszesse mit schwerwiegenden Schäden am Kieferknochen ausbilden. Hat ein Kaninchen einmal mit dieser schmerzhaften Erkrankung zu kämpfen, wird sie wahrscheinlich häufiger wieder aufflackern. Du musst Dich in diesem Fall also auf eine langfristige Behandlung einstellen.

4.3 Erkrankungen des Magen-Darm-Trakts

Durchfall ist bei Zwergkaninchen kein seltenes Phänomen und kann auf ganz verschiedene Erkrankungen hinweisen, wobei diverse Ursachen in Frage kommen. Manchmal handelt es sich nur um Fehler in der Ernährung, die ganz leicht behoben werden können. Auf der anderen Seite kann Durchfall aber auch ein Hinweis auf eine sehr schwere Erkrankung sein. Sobald Du Durchfall bei einem Kaninchen feststellst, gib ihm nur noch Heu und Wasser. Normalisiert sich der Stuhlgang nicht innerhalb von 24 Stunden oder kommen noch andere schwere Symptome hinzu, bring Deinen Liebling sofort zum Tierarzt.

Unter Umständen riecht der Stuhlgang auch äußerst unangenehm, dann ist ein umgehender Besuch beim Tierarzt angesagt. Grundsätzlich ist Durchfall immer ein Anlass, die Ernährung etwas genauer unter die Lupe zu nehmen. Oftmals steht zu viel Getreide auf dem Speiseplan, oder Du fütterst plötzlich viel mehr Grünzeug. Auch mit einem Blähbauch oder Verstopfung musst Du bei Zwergkaninchen häufiger rechnen. Da diese Probleme mit sehr starken Schmerzen verbunden sein können und oftmals Komplikationen nach sich ziehen, solltest Du Deine Hoppler dem Tierarzt vorstellen. Diese Erscheinungen sind nicht nur wesentlich stärker ausgeprägt als bei uns Menschen, sondern können auch ein Hinweis auf ernsthafte Krankheiten sein. Zu den schlimmsten Erkrankungen des Verdauungstrakts gehören die folgenden.

Trommelsucht

Wenn Futter im Magen anfängt zu gären, dann entwickelt sich sehr viel Gas, was zur sogenannten Trommelsucht führen kann.

Das kann unter anderem der Fall sein, wenn ein Kaninchen feuchtes oder erwärmtes Grünfutter oder Trockenfutter mit sehr hohem Getreideanteil zu sich genommen hat. Die Trommelsucht äußert sich neben Blähungen auch in einem vorgewölbten Brustkorb, Fressunlust, Schmerzen und Atemnot. Du solltest umgehend den Tierarzt aufsuchen und Deinem Zwergkaninchen für mindestens eine Woche nur noch Wasser und Heu reichen. Eine Therapie mit Wärme, wie beispielsweise durch eine Rotlichtlampe, wäre kontraproduktiv, denn Wärme würde die Gärung nur noch beschleunigen.

Magenverstopfung/ Haarballenbildung

Die Magenverstopfung ist nicht mit einer normalen Verstopfung des Darms zu verwechseln. Im Magen haben sich in diesem Fall Ballen gebildet, die unter anderem aus Haaren, Teppichfasern und Trockengräsern bestehen können. Dein Kaninchen wird wahrscheinlich apathisch sein, kaum etwas fressen, an Gewicht verlieren, unruhig sein, kaum Kot absetzen, häufig seine Liegeposition wechseln und Schmerzen haben. Du musst sofort einen Tierarzt konsultieren, denn die Magenverstopfung endet oftmals tödlich. Im schlimmsten Fall müssen die Haarballen operativ aus dem Magen entfernt werden. Du kannst die Entstehung der Krankheit verhindern, indem Du gerade, während des Fellwechsels auch Kiwi und Ananas verfütterst. Das darin enthaltene Bromelin erleichtert die Ausscheidung von Haaren. Darüber hinaus solltest Du Deine Kaninchen auch regelmäßig bürsten, damit die losen Haare gleich eliminiert werden.

4.4 Anzeichen für Schmerzen beim Zwergkaninchen erkennen

Schmerzen bei einem Kaninchen zu erkennen, ist gar kein leichtes Unterfangen. So entgehen auch erfahrenen Kaninchenhaltern Tiere mit chronischen Schmerzen. Das liegt einfach in der Natur der Zwergkaninchen, denn in freier Natur dürfen sie sich auch keine Schwäche anmerken lassen. Somit sind die Tiere Meister der Vertuschung und zeigen ihr Leiden erst, wenn sie fast keine Kraft mehr haben. Es gibt jedoch ein paar eindeutige Hinweise auf Schmerzen, die Du bei genauerer Betrachtung eigentlich nicht übersehen kannst. Schmerzzustände beim Kaninchen machen sich häufig nur durch ein oder zwei dieser Anzeichen bemerkbar, es sind niemals alle vorhanden.

Starke Schmerzen lassen sich häufig am Gesichtsausdruck des Kaninchens ablesen. Wenn Du länger mit Zwergkaninchen zusammenlebst, wirst Du einen Blick dafür bekommen. Viele Tiere schließen bei Schmerzen ihre Augen und ziehen die Augäpfel auch etwas ein. Das Augenlid kann dabei auch nur teilweise geschlossen sein. Je mehr vom Auge bedeckt ist, desto heftiger sind in der Regel auch die Schmerzen. Normalerweise haben Kaninchen runde Wangen. Durch die angespannte Muskulatur wirken die Backen bei Schmerzen wesentlich flacher als sonst. Bei einem gesunden Tier hat die Nasenöffnung die Form eines U, bei Schmerzen gleicht sie eher einem V.

Die Tasthaare hängen nach unten und bilden eine leichte Kurze. Leidet das Tier unter Schmerzen, befinden sich die Vibrissen näher am Körper oder sind horizontal gestreckt. Wahrscheinlich erscheinen sie viel starrer und weisen keine allzu starke Biegung auf. Von Schmerzen geplagte Zwergkaninchen legen die Ohren dicht in den Nacken und rollen sie oftmals auch ein. Auch an der Haltung kannst Du Schmerzattacken erkennen, denn die Hinterbeine befinden sich viel dichter an den Vorderfüßchen, und der Rücken ist auffallend gekrümmt.

Die Kaninchen sind weniger aktiv, ziehen sich vermehrt zurück und lassen Lichtempfindlichkeit erkennen. Sie haben eine deutlich angespannte Körperhaltung und finden keine bequeme Position mehr. Sie wechseln ständig ihre Körperhaltung und schonen dabei manchmal auch bestimmte Körperteile. Sie zeigen sich wenig interessiert an ihrem Umfeld und werden teilweise auch aggressiv. Einige Tiere fressen auffallend weniger oder verweigern die Nahrungsaufnahme ganz. Du stellst dann womöglich kleineren Kot oder überhaupt keinen mehr fest. Unter Umständen lecken sich die Tiere übertrieben an der schmerzenden Stelle, sodass Kahlstellen oder gar Wunden entstehen. Starke Schmerzen können zur Vernachlässigung der Körperpflege, Zähneknirschen, einer beschleunigten Atmung oder verstärktem Speichelfluss führen.

5. So bleiben Kaninchen gesund

Damit Deine Zwergkaninchen erst gar nicht krank werden und ein starkes Immunsystem haben, kannst Du einiges tun. Meistens entstehen gesundheitliche Probleme auf der Basis von Fehlern bei der Haltung oder Fütterung.

5.1 Wichtige Impfungen

Zunächst einmal solltest Du an wichtige Impfungen denken, wie zum Beispiel gegen die Chinaseuche oder Myxomatose. Die Chinaseuche, oder RHD, wird üblicherweise über andere Kaninchen und deren Ausscheidungen übertragen, aber durchaus auch über Kleidung und Gegenstände von Menschen, wenn dieser Kontakt mit dem Erreger hatte. Innerhalb von drei bis fünf Tagen zeigen sich dann die typischen Symptome, wobei es drei Verlaufsformen gibt. Die Tiere können ohne jegliche Anzeichen plötzlich versterben, einen sehr milden Verlauf haben oder schwere Anzeichen mit tödlichem Verlauf durchmachen. Lass Deine Kaninchen gleich nach der sechsten Lebenswoche impfen und die Impfung dann jedes Jahr auffrischen.

Die Myxomatose endet leider auch häufig tödlich, weshalb Du Dich auch hier unbedingt an die Impfempfehlungen halten solltest. Artgenossen, Flöhe, Mücken oder der Mensch kommen als Überträger in Frage. Das Pockenvirus führt nach vier bis 10 Tagen zum Ausbruch der Erkrankung. Nach einer bis zwei Wochen sind die Tiere meistens entkräftet und verhungert, sodass sie elendig sterben. Auch gegen Myxomatose kannst Du ab der sechsten Lebenswoche impfen lassen, und anschließend alle sechs Monate.

Für den Kaninchenschnupfen sind die Erreger Pasteurella multicada und Bordetella bronchiseptica verantwortlich. Die Tiere nehmen diese über die Nahrung auf oder atmen sie ein. Da auch Herzbeutel und Lungen befallen werden können, kann sich daraus eine Lungenentzündung entwickeln, die nach mehreren Jahren den Tod des Kaninchens verursacht. Sind die Nasennebenhöhlen von der Erkrankung betroffen, wird die Infektion wahrscheinlich immer wieder aufflackern. Nach vier Lebenswochen kannst Du Deine Tiere dagegen impfen lassen, nach der Grundimmunisierung erfolgt dann zweimal jährlich eine Auffrischung.

5.2 Einzelhaltung macht Zwergkaninchen krank

Wenn Dir die Gesundheit und das Wohlergehen Deiner Kaninchen wichtig sind, dann halte niemals ein einzelnes Tier. Sollte ein Partner versterben, dann schaffe Dir entweder ein neues Tier an, oder gib das Einzeltier ab, damit es wieder Teil einer Gemeinschaft werden kann. Die geselligen Haustiere brauchen mindestens einen Artgenossen und fühlen sich erst in größeren Gruppen so richtig wohl. Ein Zwergkaninchen kann bis zu zwölf Jahre alt werden, wenn es gesund bleibt. Dazu brauchen sie vor allem viel Platz, um ihrem Bewegungsdrang nachgeben zu können. Ideal ist ein Gehege im Freien, oder zumindest ein zusätzlicher Auslauf im Garten. Im Außenbereich müssen Deine Kaninchen unbedingt vor Sonne, Zugluft und natürlichen Feinden geschützt sein. Sollen die Tiere in freier Wohnungshaltung leben, musst Du besonders vorsichtig sein und Deine Wohnung kaninchensicher umgestalten. Katzenstreu ist nicht ideal für die Toiletten, denn viele Zwergkaninchen reagieren allergisch darauf. Setze deshalb lieber auf Heu oder Stroh.

5.3 Falsche Ernährung ist Gesundheitsrisiko Nummer 1

Die Gesundheit Deiner Zwergkaninchen steht und fällt mit deren Ernährung. Als absolute Pflanzenfresser sollten Gräser an erster Stelle auf dem Futterplan stehen. Heu muss ihnen rund um die Uhr zum Fressen zur Verfügung stehen. Dazu kommt eine ausreichende Menge an frischem Grünfutter, Wurzelgemüse und Kräuter. Fertigfutter ist nur vorübergehend und zur Not geeignet, denn es schadet der Gesundheit Deiner Tiere eher. Die Futtermischungen sind sehr energiereich und fördern somit die Entstehung von Übergewicht, was wiederum Krankheiten begünstigen kann. Wenn Du eine Futterumstellung vornimmst, dann muss dies sehr langsam geschehen, um das empfindliche Verdauungssystem der Kaninchen nicht zu überfordern. Frisches Wasser muss immer zur Verfügung stehen und ist täglich zu wechseln.

Zahnprobleme sind ebenfalls eine Folge von falscher Ernährung und stellen dann eine Gefahr für die Gesundheit dar. Du musst Dir immer vor Augen halten, dass die Zähne Deiner tierischen Freunde ein ganzes Leben lang nachwachsen, und zwar fast bis zu zwei Millimeter am Tag. Jetzt kannst Du Dir vorstellen, wie wichtig die Abnutzung der Zähne ist, damit kein Tierarzt einschreiten muss. Heu sowie Äste und Zweige zum Nagen solltest Du Deinen Kaninchen demnach täglich anbieten. Sobald Du bemerkst, dass ein Tier weniger frisst, sollte ein Tierarzt einen Blick auf die Zähne werfen. Gerade die Backenzähne werden mit der Zeit äußerst spitz und bergen eine große Verletzungsgefahr. Umso schlimmer, dass man diesen Bereich nicht einfach so einsehen kann und die Tiere dazu oftmals in Narkose legen muss.

5.4 Optimale Hygiene als Krankheitsprophylaxe

Ein wichtiger Faktor bezüglich der Gesundheit Deiner Zwergkaninchen ist auch die Hygiene. Es gibt einige Erreger, die sich aufgrund mangelnder Hygiene vermehren und Deinen Tieren stark zusetzen können. Aus diesem Grund solltest Du das komplette Gehege einmal in der Woche vollständig reinigen. Tausche bei dieser Gelegenheit die Einstreu aus und reinige die Böden mit heißem Wasser. Haben die Zwergkaninchen Teppiche oder Decken als Liegeflächen, dann solltest Du diese auch von Zeit zu Zeit gründlich säubern, falls möglich in der Waschmaschine. Es sollte selbstverständlich sein, dass Du alle Katzentoiletten täglich reinigst. Entferne dazu die Einstreu und wasche den Kunststoff mit heißem Wasser und etwas Essigessenz ab. Antibakterielle Reinigungsmittel sind für den regelmäßigen Gebrauch viel zu aggressiv und sollten nur bei erkrankten Tieren zum Einsatz kommen.

5.5 Regelmäßigen Gesundheitscheck selbst durchführen

Wie bereits mehrfach erwähnt, merkt man Zwergkaninchen gesundheitliche Probleme oder Unwohlsein erst sehr spät an. Oftmals ist es dann bereits zu spät, sodass das Tier verstirbt oder es eingeschläfert werden muss. Deshalb ist es von äußerster Wichtigkeit, dass Du alle paar Tage einen kleinen Gesundheitscheck machst, um Auffälligkeiten frühzeitig feststellen zu können. Beobachtest Du Deine Tiere gut, dann wirst Du Veränderungen ganz schnell bemerken und mit der Zeit auch ein gutes Auge dafür bekommen, wenn etwas nicht stimmt.

Vor allem bei der Futteraufnahme oder im Umgang mit den Artgenossen zeigen sich Auffälligkeiten besonders gut. Sowohl die Futtermenge als auch das Verhalten bei der Futteraufnahme geben Aufschluss darauf, wie es um das Wohlbefinden eines Zwergkaninchens bestellt ist. Wenn Du frisches Futter ins Gehege legst, dann nutze am besten diese Gelegenheit für die Beobachtung Deiner Kaninchen.

Nimm Dir jeden Tag etwas Zeit, um auf die folgenden Punkte zu achten:

- Aufmerksamkeit, Munterkeit und Interesse am Umfeld und seinen Reizen
- Mögliche Veränderungen bezüglich des Verhaltens
- Interesse am Futter und umgehendes Erscheinen an der Futterstelle
- Futteraufnahme und Geschwindigkeit beim Fressen
- Aussehen von Kot und Urin
- Bewegungsmuster der Tiere

Alle paar Tage solltest Du die Tiere einzeln untersuchen und sie dafür aus dem Gehege nehmen. Behalte dabei am besten immer die gleiche Reihenfolge bei, denn das sorgt für einen Gewöhnungseffekt und vermindert den Stress. Wenn Du die Kaninchen am Ende mit einem Leckerli belohnst, empfinden sie die Untersuchung auch nicht als etwas Negatives. Zunächst kontrollierst Du das Gewicht und notierst dieses, um größere Schwankungen feststellen zu können. Besonders gut überwachen musst Du das Gewicht bei kranken Tieren oder wenn eines gepäppelt werden muss.

Schau Dir anschließend das Fell und die Haut etwas genauer an und achte auf Kahlstellen, Verklebungen, Krusten und mögliche Parasiten. Die Augen dürfen nicht getrübt sein, sollten nicht weiter herausstehen oder eingezogen sein und dürfen auch nicht tränen oder Ausfluss absondern. Ein weiterer Blick gilt nun den Ohren und dem Maul, dann tastest Du den kompletten Körper noch sanft ab. Beginne dabei am Kopf und arbeite Dich bis zur Blume vor. Richte Dein Augenmerk beim Abtasten vor allem auf Schwellungen und mögliche Knoten. Den After und die äußeren Geschlechtsorgane solltest Du auf mögliche Verschmutzungen, Verklebungen oder Schwellungen untersuchen. Zum Schluss begutachtest Du noch die Krallen und die Pfoten. Sollten Krallen zu lang sein, kürze sie mit einer Krallenschere. Die Unterseiten der Pfoten müssen frei von wunden Stellen sein, die oftmals von der Einstreu oder einem ungeeigneten Untergrund herrühren.

6. Naturleben eines Wildkaninchens

Wenn Du Deine Zwergkaninchen draußen in der freien Natur aussetzen würdest, würden sie sich ganz schnell wieder an das neue Umfeld gewöhnen. Das Kaninchen legt also in menschlicher Obhut nicht sein natürliches Verhalten ab, wie das bei anderen Haustieren der Fall ist. Du siehst, dass Zwergkaninchen in ihren Verhaltensweisen noch sehr stark den Wildkaninchen ähneln. Auf der anderen Seite gibt es aber in vielen Bereichen auch ein paar ganz gravierende Unterschiede.

6.1 Der Lebensraum des Wildkaninchens

Du findest Kaninchen weltweit, denn sie können sich an die unterschiedlichsten Lebensbedingungen anpassen. Lediglich im Gebirge sind Wildkaninchen nicht beheimatet, denn die Tiere kommen mit dem steinigen und harten Untergrund nicht gut zurecht. Sandboden und ein weitläufiges, offenes Gebiet sind für sie am besten geeignet.

Ein ebenfalls wichtiges Kriterium für die Wahl des Lebensraums ist der sogenannte Feinddruck. In der Regel sind das neben dem Menschen noch Füchse, Marder, Bussarde, Uhus und Hunde. Der Nachwuchs ist auch durch Krähen oder Katzen gefährdet. Falls die Kaninchen demnach die freie Wahl haben, zählt nicht in erster Linie das beste Futterangebot, sondern das Areal mit den wenigsten Feinden. In Mitteleuropa bewohnen sie meistens halb offene und trockene Areale, wie beispielsweise Böschungen, Parks, Bahndämme oder sogar Friedhöfe.

Diese weite Verbreitung gab es jedoch nicht immer, denn einst lebten Kaninchen nur in Nordwest-Afrika und in Spanien. Die

Römer trieben die Verbreitung der Tiere voran, sodass sie irgendwann auf allen Kontinenten heimisch wurden. Die Römer hielten die Kaninchen bereits als Haustiere. Die Wildkaninchen vermehrten sich in den kommenden Jahrhunderten sehr stark, doch durch die Krankheit Myxomatose wurde die Population wieder stark dezimiert.

Das Wildkaninchen gilt in vielen Gebieten als Schädling, denn es kann im Gartenbau und auf landwirtschaftlich genutzten Flächen großen Schaden anrichten. Nachdem sich die Tiere auch in Neuseeland und Australien angesiedelt hatten, wurden sie dort zur regelrechten Plage.

Als Herbivoren nehmen Wildkaninchen nur pflanzliche Nahrung zu sich. Eine zusätzliche Aufnahme von Flüssigkeit ist in diesem Fall nicht notwendig. Die geselligen Wildkaninchen bilden Kolonien oder leben in großen Familien zusammen. Diese umfassen in der Regel bis zu 12 erwachsene Tiere, die sich auf einem Territorium von maximal 20 Hektar niederlassen. Anführer der Kolonie ist ein dominantes Männchen, das sich als einziges paaren darf, teilweise sogar mit mehreren Häsinnen. Innerhalb der Truppe muss die Rangordnung strikt eingehalten werden, sodass auch häufig Kämpfe an der Tagesordnung sind.

In ihrem natürlichen Lebensraum können Kaninchen theoretisch ein Alter von bis zu zehn Jahren erreichen, die Realität sieht aber leider anders aus. Rund ein Viertel der Tiere wird keine drei Jahre alt. Mit etwa acht Monaten sind die Tiere geschlechtsreif, wobei es zu drei bis fünf Würfen im Jahr kommen kann. Nach einer Tragezeit von durchschnittlich 30 Tagen erblicken fünf bis sechs Junge das Licht der Welt.

6.2 Durchdachter Bau wird ständig umgestaltet

Vom Feldhasen unterscheiden sich Wildkaninchen beispielsweise dadurch, dass sie mit ihren Vorderläufen Baue graben und gleichzeitig mit ihren starken Hinterbeinen das Erdreich beiseiteschieben. Sie legen ganze Systeme mit Höhlen und Tunneln an und halten sich später auch überwiegend darin auf. Der Bau bietet den Tieren Schutz vor ihren natürlichen Feinden und der Witterung. Darüber hinaus kommt er auch ihrem Sozialverhalten zugute und wird zur Aufzucht der Jungtiere genutzt.

Beim Anlegen des Gangsystems geben sich die Wildkaninchen alle Mühe und bereiten sich auf alle Eventualitäten vor. Das System kann eine Fläche von bis zu 100 Quadratmetern umfassen, wenn die Gruppe entsprechend groß ist. Alle Mitglieder der Truppe beteiligen sich auch an der stetigen Umgestaltung, die immer den aktuellen Gegebenheiten angepasst wird. Fast scheint es, als gäbe es einen exakten Bauplan, denn das Graben erfolgt an verschiedenen Stellen zur gleichen Zeit. Und dennoch treffen die Gänge und Höhlen immer wieder genau aufeinander. Basis für dieses durchdachte Konzept ist die Anpassung an die natürliche Lebensweise der Wildkaninchen. Normalerweise entfernen sich die Kaninchen nur maximal 200 Meter von ihrem Bau, lediglich die Suche nach Nahrung kann eine Ausdehnung auf bis zu 600 Meter erforderlich machen.

Natürlich denken die Wildkaninchen auch an ihre Feinde. Sollte sich einer davon in ihren Bau verirren, haben die Tiere immer eine Möglichkeit zur Flucht. Zu diesem Zweck haben sie neben dem Haupteingang auch mehrere Nebeneingänge. In der Regel nutzen alle Kaninchen der Truppe den breiten, leicht abfallenden Haupteingang. Während es am Haupteingang einen kleinen Erdhaufen gibt, fehlt dieser bei den Notfallgängen, die meistens in einem Strauch oder Gebüsch enden. Sie fallen auch senkrecht zum Boden ab, sodass sich die Tiere auf der Flucht in die Röhre fallen lassen können und dann rasch von der Bildfläche verschwunden sind.

6.3 Das Innenleben des Kaninchenbaus

Das Kaninchen ist leider ein klassisches Beutetier, weshalb es seine Lebensweise dieser Tatsache auch anpasst. Das Fluchttier hält sich sogar am helllichten Tag überwiegend in seinem Bau auf. Da das Gang- und Höhlensystem etwa zwei Meter unterhalb der Oberfläche ist, herrscht hier eine Luftfeuchtigkeit von etwa 90 Prozent und eine relativ konstante Temperatur zwischen 4 und 14 Grad. Der sogenannte Kessel im Zentrum des Baus ist gewissermaßen das Wohnzimmer für bis zu 50 Tiere. Da von hier eine Reihe an Gängen abzweigen, können die Wildkaninchen jederzeit blitzschnell flüchten. Niemals kommen dafür die breiten Hauptgänge in Frage, sondern ausschließlich die extra dafür angelegten engen Fluchtwege. Um Staus in den Röhren zu verhindern, wird auch an mehrere Ausbuchtungen zum Ausweichen gedacht.

Während der Kessel ganz kahl ist, werden die Nestkammern für den Nachwuchs mit Gras, Stroh und Fell ausgepolstert. Diese Nestkammern bleiben den ranghohen Weibchen vorbehalten und werden von ihnen auch markiert. Die Nester der anderen Häsinnen sind nicht mit dem Hauptbau verbunden, sodass kein Notausgang vorhanden ist. Was zwar die Pflege der Jungtiere erleichtert, bedeutet den sicheren Tod beim Eindringen eines Feindes.

7. Bedürfnisse eines Zwergkaninchens

Auch wenn Zwergkaninchen auf den ersten Blick genügsam und pflegeleicht erscheinen, darfst Du ihre Bedürfnisse nicht vergessen. Doch bereits die einfachsten Grundbedürfnisse werden von vielen Tierhaltern nicht respektiert. Leider ist dies bei Kaninchen und anderen Kleintieren ein weitverbreitetes Problem. Teilweise liegt es wohl daran, dass sich viele vor der Anschaffung der Tiere nicht ausreichend informieren. Lange Zeit wurden einzelne Tiere in viel zu kleinen Käfigen gehalten. Auch in der heutigen Zeit fristen viele Zwergkaninchen ein solch trauriges Dasein, das in keinerlei Weise ihre Bedürfnisse berücksichtigt.

7.1 Einzelhaltung ist Tierquälerei!

Jedem Kaninchenhalter sollte eigentlich daran gelegen sein, seinen Tieren ein artgerechtes Umfeld zu bieten, das ihren Grundbedürfnissen weitestgehend gerecht wird. Auf keinen Fall dürfen Zwergkaninchen einzeln gehalten werden, denn die geselligen Tiere brauchen dringend ihre Sozialkontakte. Wenn Du das Kapitel über das Naturleben der Kaninchen aufmerksam durchgelesen hast, dann weißt Du, dass sie in größeren Kolonien leben und eine starke soziale Bindung zu den anderen Mitgliedern haben. Innerhalb dieser festen Truppe suchen sie gemeinsam nach Futter und bieten sich Schutz. Das extrem ausgeprägte Sozialverhalten zeigt sich auch am gemeinsamen Spielen, dem engen Aneinanderkuscheln und der gegenseitigen Fellpflege. Etwa die Hälfte des Tages entfällt auf soziale Aktivitäten, und deshalb brauchen Zwergkaninchen unbedingt Artgenossen.

Abbildung 5 – Grundbedürfnis Nähe

Aus diesem Grund ist es unabdingbar, dass Du mindestens zwei Tieren ein Zuhause gibst. Einzelhaltung kommt nur in ganz besonderen Ausnahmesituationen in Frage. So musst Du beispielsweise einen frisch kastrierten Rammler oder ein krankes Zwergkaninchen mit einer ansteckenden Infektion von den anderen vorübergehend isolieren. Selbst wenn Du Dich einige Stunden täglich mit einem Zwergkaninchen beschäftigst, kannst Du niemals Ersatz für einen Partner sein. Auch kein anderes Kleintier, wie zum Beispiel ein Meerschweinchen, kann diesen Platz einnehmen. Das liegt schlichtweg daran, dass alle Lebewesen ihre eigene Sprache haben, sodass eine Kommunikation zwischen Kaninchen und Meerschweinchen oder zwischen Kaninchen und Mensch einfach nicht möglich ist. Ein Meerschweinchen verhält sich auch ganz anders, sodass es von einem Zwergkaninchen nicht verstanden werden kann.

Nicht selten hört man die Aussage, dass ein einzelnes Zwergkaninchen viel anhänglicher wird und sich lieber streicheln lässt. Das ist jedoch lediglich ein schwacher Trost für das Tier, denn es ist ja zumindest auf etwas Nähe angewiesen. Es ist doch viel schöner, wenn zwei Kaninchen zu Dir kommen, um dann ein Leckerli zu verlangen. Nicht immer sind die Tiere bei Einzelhaltung automatisch verschmuster. Gerade bei Häsinnen kann häufig eine gewisse Angriffslustigkeit und teils sogar Aggressivität festgestellt werden. Rammler bleiben zwar friedlich, werden aber oftmals sehr träge und fressen viel zu viel, sodass Übergewicht eine logische Folge davon ist. In Wahrheit können auch Zwergkaninchen aus einer Gruppe sehr zutraulich werden, denn in der Regel hängt es immer vom Charakter des Tieres ab. Wenn zwei Kaninchen bei Dir wohnen, dann musst Du auch nie ein schlechtes Gewissen haben, wenn Du sie häufiger allein lässt.

7.2 Zwergkaninchen benötigen viel Bewegungsfreiheit

Da Zwergkaninchen extrem viel Bewegung brauchen, musst Du ihnen auch entsprechend Platz anbieten können. Alle gängigen Käfige aus dem Handel sind definitiv zu klein, selbst die größten Modelle. Da Kaninchen springen und hoppeln müssen, würden darin ihre Muskeln verkümmern. Angesichts der Tatsache, dass es sich in keinster Weise um eine artgerechte Haltung handelt, wäre sie sogar als Tierquälerei einzustufen. Wenn es um die Bedürfnisse Deiner Zwergkaninchen geht, zählt ein großes Platzangebot zu den wichtigsten Kriterien. Nur wenn dieses erfüllt ist, kannst Du die Lebensfreude dieser Tiere genießen.

Betrachte Dir mal den Körperbau eines Zwergkaninchens ganz

genau. An den kräftigen Hinterläufen kannst Du bereits erkennen, dass sie eine enorme Sprungkraft und einen starken Bewegungsdrang haben. In einem Käfig können sie diesem nicht nachgehen. Stell es Dir so vor, als müsstest Du Dein Leben in einem Raum verbringen, der die Größe eines Badezimmers hat. Das wäre sicher kein Leben, und auch Zwergkaninchen haben ein Recht auf ein angenehmes Leben. Der ideale Lebensraum wäre demnach ein großzügig bemessenes Außengehege mit Möglichkeiten zum Springen, Buddeln und Verstecken. Vielleicht hast Du keinen Garten zur Verfügung, was jedoch nicht bedeutet, dass Du kein passendes Umfeld für Zwergkaninchen schaffen kannst. Halte sie einfach drinnen in einem großen Gehege oder in einem eigenen Zimmer. Noch besser wäre es natürlich, wenn sie zusammen mit Dir die freie Wohnungshaltung genießen dürften. Die Grundfläche für zwei kleinere Zwergkaninchen muss mindestens vier Quadratmeter betragen, größer ist natürlich immer besser. Handelt es sich um eine größere Rasse, dann musst Du ein Minimum von sechs Quadratmetern einplanen.

7.3 Zwergkaninchen lieben das Nagen

Kaninchen zählen zwar nicht zu den Nagetieren, sie nagen aber für ihr Leben gerne. Im Prinzip unterscheidet sich dieser Trieb kaum von dem eines Nagetiers. Für Zwergkaninchen ist das Nagen sogar lebensnotwendig, denn ihre Zähne wachsen ständig nach, sodass eine Abnutzung gewährleistet sein muss. Deshalb solltest Du für Deine Kaninchen stets verschiedene Materialien zum Knabbern bereithalten. Optimal sind frische Äste, wobei der Apfelbaum sich am besten dafür eignet. Auch Birne, Weide und Hasel kannst Du bedenkenlos nehmen. Nicht nur die Äste von frischem Holz sind brauchbar, sondern auch

Teile der Wurzeln und der Rinde. Wenn Ihr selbst keinen Garten habt, dann bittet andere Familienmitglieder, Freunde oder Bekannte um Holz, wenn diese ihre Pflanzen stutzen. Mittlerweile kannst Du aber auch frische Zweige via Internet bestellen.

Leider ist die Meinung noch sehr weitverbreitet, dass auch trockenes Brot diesen Zweck erfüllt. Was das Nagen angeht, könnte das eventuell noch stimmen, doch häufig sind im Brot Schimmelsporen zu finden, und zudem macht es die Tiere dick. Nagematerial ist im Gehege also das A und O, ansonsten könnten Deine Zwergkaninchen gesundheitliche Probleme entwickeln und im schlimmsten Fall sogar versterben. Sollten sich die Zähne nicht abwetzen, wachsen sie ungehindert und erschweren die Futteraufnahme extrem, bis die Tiere schlimmstenfalls verhungern.

7.4 In der Natur sichert Graben das Überleben

Zwergkaninchen lieben das Graben, es ist eine Beschäftigung, die ihnen einfach Spaß macht. In der freien Natur vertreiben sich Kaninchen damit keinesfalls nur die Zeit. Wie bereits im vorherigen Kapitel erläutert, graben die Tiere Baue mit einem kompletten Gang- und Höhlensystem, um sich vor dem Wetter oder vor Feinden zu schützen. Den Hauskaninchen ist dieses Bedürfnis nicht abhandengekommen, weshalb Du ihnen die Möglichkeit zum Buddeln auch bieten solltest. Leider ist es normalerweise nicht machbar, dass die Zwergkaninchen Gänge graben. Eine denkbare Alternative wäre dann eine Buddelkiste, die Du mit Sand oder Erde befüllen kannst.

7.5 Zwergkaninchen brauchen Rückzugsmöglichkeiten

Jedem Kaninchen ist das Bedürfnis nach Schutz angeboren, ansonsten könnte es nicht überleben. Da sie viele Fressfeinde haben, müssen sie sich in der natürlichen Umgebung immer zurückziehen können, wenn sie sich bedroht fühlen oder wenn sie einen Schreck bekommen haben. Deshalb brauchen sie unbedingt einen Unterschlupf, auch in menschlicher Obhut. Haben sie keine Rückzugsmöglichkeiten, stellt das für Zwergkaninchen großen Stress dar, sie stehen praktisch unter Dauerspannung. Da sie Fluchttiere sind, hüpfen sie auch selten mitten durch einen Raum, sondern lieber an den Wänden entlang. Stelle jedem Tier seinen eigenen Unterschlupf zur Verfügung, damit auch bei Auseinandersetzungen jedes Schutz finden kann. Hältst Du die Kaninchen im Freien, werden diese Verstecke auch zum Kuscheln und Schlafen genutzt. Um den Alltag etwas abwechslungsreicher zu gestalten, kannst Du diese Versteckmöglichkeiten auch immer wieder neu platzieren. Achte darauf, dass alle Rückzugsmöglichkeiten immer mindestens zwei Eingänge haben.

7.6 Zwergkaninchen behalten gerne den Überblick

Ein weiteres wichtiges Bedürfnis von Zwergkaninchen ist ein guter Überblick über die Umgebung. Du kannst beobachten, dass sie sich beim Erkunden des Umfelds immer wieder auf die Hinterläufe stellen. Noch besser haben sie alles im Blick, wenn sie dafür eine erhöhte Stelle nutzen können. Sie steigen deshalb gerne auf die Dächer von Hütten, auf Stämme oder umgedrehte Kisten. Dass Deine Kaninchen sich sicher und entspannt fühlen kannst Du auch daran erkennen, dass sie auf diesen höher gelegenen Stellen dösen.

Abbildung 6 – Kaninchen auf den Hinterläufen

7.7 Zwergkaninchen wollen beschäftigt werden

In der freien Natur müssen Kaninchen jeden Tag ums Überleben kämpfen und ihre Nahrung selbst suchen. Als Haustiere müssen sie sich darum nicht mehr kümmern, sodass schnell Langeweile aufkommen kann. Es sind nicht zig verschiedene Gerüche vorhanden, und Futter gibst Du ihnen immer in ausreichender Menge. Demnach ist es einzig und allein an Dir gelegen, im Kaninchengehege für Abwechslung und Beschäftigung zu sorgen. Dazu musst Du Dir kein Bein ausreißen, denn die einfachsten Ideen sind meistens schon sehr effektiv. Viel Spannung verspricht schon das Umstellen von Einrichtungsgegenständen, denn dann kann eine neue Entdeckungstour beginnen. Von Zeit zu Zeit kannst Du auch neue Elemente integrieren. Oder Du hast zweierlei Garnituren, die Du immer mal wieder austauschst.

7.8 Ruhe und Entspannung sind essenziell

Die Erkundung des Umfelds kann ganz schön anstrengend sein. Nachdem sich die Zwergkaninchen anschließend gestärkt und ihr Fell gepflegt haben, gönnen sie sich gerne etwas Entspannung und strecken sich lang aus. Andererseits kauern sie sich aber auch ganz gerne zu einem Knäuel zusammen und genießen die Ruhe dann in einer Ecke. Am liebsten begeben sich die Zwergkaninchen dazu an Plätze, die ihnen Schutz bieten, aber gleichzeitig auch einen Rundumblick ermöglichen. Bitte respektiere das Ruhebedürfnis Deiner Tiere und störe sie nicht durch Geräusche oder Streicheln. Sie sollten sich möglichst nicht erschrecken, denn das würde ihr Vertrauen zerstören und könnte auf Dauer sogar ihre Gesundheit gefährden, da sie ständig unter Stress stehen.

8. Körpersprache eines Zwergkaninchens

Zwergkaninchen gehören zu den ruhigsten Haustieren, denn sie geben kaum Laute von sich. Wenn sie sich tatsächlich einmal „zu Wort melden“, dann hat das meistens nichts Gutes zu bedeuten. In diesem Fall fühlt sich das Tier bedroht, hat Angst oder leidet unter extremen Schmerzen. Das bedeutet jedoch nicht, dass Zwergkaninchen nicht mit uns Menschen sprechen, wobei „sprechen“ natürlich nicht wörtlich zu nehmen ist.

Sie bedienen sich allerdings eher der Körpersprache, um mit Artgenossen oder Menschen zu kommunizieren. Die entsprechenden Signale werden mit unterschiedlichen Körperteilen gesendet. Wenn Du Deine Zwergkaninchen verstehen möchtest, dann achte nicht nur auf einzelne Signale, sondern auch auf deren Gesamtheit. Sofern Du Dich intensiv mit diesem Thema beschäftigst, wird das Zusammenleben mit Deinen Tieren wesentlich intensiver und aufregender.

8.1 Die Stellung der Ohren

Wenn Du die Sprache Deiner Zwergkaninchen verstehen möchtest, achte zunächst auf die Stellung ihrer Ohren. Damit kommunizieren die Tiere vor allem mit ihren Artgenossen. Leider funktioniert das nicht bei Rassen mit Schlappohren, denn diese können kaum bewegt werden. Einige Widder können zumindest ein Ohr unter Umständen noch aufstellen. Hat Dein Zwergkaninchen Stehohren, dann achte auf die folgenden Signale.

Die normalerweise senkrecht nach obenstehenden Ohren

werden angelegt, wenn die Zwergkaninchen relativ entspannt sind und ihrer Umgebung weniger Aufmerksamkeit schenken. Du kannst dies überwiegend dann beobachten, wenn Deine Hoppler vor sich hindösen oder schlafen. Sind die Ohren allerdings extrem dicht an den Kopf angelegt, kann dies auch ein Hinweis auf Angst sein.

Wenn das Kaninchen dann noch den Körper auf den Boden drückt und die Augen aufreißt, dann ist es definitiv sehr verängstigt. Von Natur aus können Zwergkaninchen ihre Ohren in alle Richtungen drehen, um Geräusche besser wahrnehmen zu können. Du kannst also genau erkennen, auf was sie sich gerade konzentrieren. Oftmals ist die Ohrstellung bei allen Tieren aus einer Gruppe die gleiche, da sie Reize aus der gleichen Richtung wahrnehmen. Sind die Ohren nach vorne gekippt, ist die Neugierde des Zwergkaninchens geweckt.

8.2 Die Augen des Zwergkaninchens

Reißt eines Deiner Zwergkaninchen seine Augen weit auf, dann hat es regelrecht Panik. Das kann auch bei der so genannten Angststarre der Fall sein, wenn sich Tiere in die Enge getrieben fühlen oder wenn Du sie hochnimmst. Im inneren Augenwinkel gibt es bei Kaninchen eine Art drittes Augenlid namens Nickhaut. Diese ist bei manchen Rassen immer sichtbar, wie beispielsweise bei den Deutschen Riesen. Ansonsten könnte dies zeigen, dass sich das Tier sehr unwohl fühlt. Die meisten Kaninchen schlafen mit offenen Augen. Sind sie teilweise oder ganz geschlossen, dann dösen sie entspannt vor sich hin.

8.3 Die Stellung des Schwanzes (Blume)

Die Blume brauchen Zwergkaninchen nicht nur zum Ausgleich bei diversen Sprüngen. Sie können damit auch ganz gut zeigen, wie es ihnen im Moment geht. Im entspannten Zustand sitzt sie ganz locker am Hinterteil und gleicht einem Bommel. Ist die Blume aufgestellt, dann kann das ganz unterschiedlich gedeutet werden. Entweder bedeutet es, dass das Kaninchen jeden Moment angreift. Häufig sieht man das, wenn zwei Kaninchen sich jagen oder miteinander kämpfen. Auf der anderen Seite kann es aber auch ein Zeichen für Flucht sein, wenn der Versuch des Entkommens gewagt wird. Manchmal wird der Schwanz auch aufgerichtet, falls das Tier bei einem unbekannten Objekt unsicher ist. Des Weiteren stellen Zwergkaninchen die Blume beim Markieren oder dem Umwerben eines anderen Tieres auf. Bei Aufregung können Kaninchen auch mit der Blume wackeln. Das kann beispielsweise bei der Fütterung der Fall sein, oder in stressigen Situationen. Eine noch größere Anspannung signalisiert eine Blume, die zum Rücken hingezogen wird.

8.4 Signale des Mundes

Wenn ein Zwergkaninchen ein anderes abschleckt, dann ist das ein eindeutiges Zeichen für Zuneigung. Das gilt auch für den Fall, dass es dies mit Deiner Hand tut. Beim Dösen, wenn ein Tier ganz entspannt ist, dann ist der Mund nie ganz geschlossen. Sollte der Kopf im Nacken liegen und das Maul aufgerissen werden, dann leidet das Zwergkaninchen an Luftnot. Bei leichter Müdigkeit oder beim Wechsel der Aktivitäten gähnen Kaninchen gerne mal.

Anstupsen

Stupst das Zwergkaninchen Dich mit seiner Nase an, dann zeugt das von großem Zutrauen. Gleichzeitig fordert es mit dieser Geste Futter oder Streicheleinheiten ein, oder es möchte einfach ein wenig mit Dir spielen. Stößt das Tier jedoch gegen Deine Hand, während Du es streichelst, dann möchte es gerne seine Ruhe haben.

Geduckte Haltung

Sollte ein Zwergkaninchen sich geduckt, eng an den Boden drücken, die Ohren flach anlegen und den Kopf auf dem Untergrund ablegen, dann ist dies ein Zeichen für Unterwerfung. Das kann entweder Dir oder einem Artgenossen gelten. Doch Unterwerfung ist keineswegs etwas Positives, denn es zeugt auch von Angst. Nimm das Tier in diesem Moment niemals hoch oder versuche es anzufassen, schon gar nicht, wenn es dabei knurrt. In seiner Angst könnte das Kaninchen eventuell zubeißen, auch wenn es sonst sehr friedlich und lieb ist.

Klopfen

In höchster Alarmbereitschaft befindet sich das Zwergkaninchen, wenn es mit den Hinterläufen auf den Boden trommelt. Es hat große Angst und will die anderen Tiere aus seiner Truppe warnen. Das Klopfen kann aber auch ein Hinweis auf extreme Anspannung, Wut oder einen großen Schrecken sein. Du kannst in dieser Situation beruhigend auf Dein

Kaninchen einreden, sodass es vielleicht wieder etwas zur Ruhe kommt.

Männchen machen

Wenn Dein Zwergkaninchen Männchen macht, dann ist es besonders neugierig und aufmerksam. In diesem Fall möchte es irgendwo hinein oder heraus gelangen, oder es verschafft sich einen besseren Überblick. Durch das Aufbäumen kann es aber auch um etwas betteln.

Langgestreckter Körper

Sollte das Zwergkaninchen sich lang ausstrecken, möchte es sich entspannen und will dabei nicht gestört werden. Unter Umständen liegt das Tier dabei auch auf der Seite und streckt die Extremitäten lang von sich weg. Dies ist ein eindeutiges Zeichen dafür, dass das Tier sich wohl und sicher fühlt.

Zeichen des Wohlbefindens

Zwergkaninchen können äußert übermütig sein und ihre fünf Minuten haben. Sie schlagen dann Haken, machen Luftsprünge oder wälzen sich auf dem Boden hin und her. Lediglich wenn ein Tier häufiger den Kopf schüttelt, solltest Du das ärztlich abklären lassen, da eine Erkrankung dahinterstecken könnte.

Totstellen

Bei Gefahr kann das Zwergkaninchen ganz regungslos dasitzen, um sich auf seine Flucht vorzubereiten. In dieser Schutzhaltung richtet es die Ohren steil auf und reißt die Augen weit auf. Meistens kannst Du dabei auch eine starke Flankenatmung wahrnehmen. Das Tier ist in Alarmbereitschaft, doch traut es sich nicht zu flüchten, denn dann würde der Feind nur unnötig auf es aufmerksam werden. Das Zwergkaninchen verfällt in eine Starre, damit es nicht bemerkt wird.

Verschieben von Gegenständen

Sollte Dein Zwergkaninchen Einrichtungsgegenstände hin- und herschieben, dann ist das weitaus mehr als der Wunsch nach einer Umgestaltung. Das Tier drückt damit lediglich seine Langeweile aus. Wird der Napf durch die Gegend geschoben, dann hat es womöglich Hunger.

Umkreisen der Füße

Im Grunde handelt es sich um das sexuelle Werben des Zwergkaninchens um Dich, wenn es Dich dabei auch noch beißt. Wenn es einfach nur um Deine Füße herumschleicht, dann kommt dies einer Begrüßung gleich und soll Dir signalisieren, dass es Dich mag.

Beißen bei der Fütterung

Sollte Dich ein Zwergkaninchen beim Füttern in die Hand beißen, dann gab es eventuell eine Verwechslung mit dem

Futter, weil der Hunger so groß war. Andererseits kann es aber auch bedeuten, dass es sein Futter verteidigen will. Stellst Du grundsätzlich ein aggressiveres Verhalten fest, solltest Du unbedingt herausfinden, warum das Tier sich so unwohl fühlt. Bei einer artgerechten Haltung und Ernährung sollte dies nämlich nicht der Fall sein.

Rammeln

Wenn Zwergkaninchen rammeln, dann zum Zweck der Vermehrung und um zu zeigen, dass sie paarungsbereit sind. Darüber hinaus wollen die Tiere aber damit auch ihre Dominanz demonstrieren. Bei Kämpfen kommt es deshalb auch zwischen Tieren gleichen Geschlechts zum Rammeln. Was Dir vielleicht zunächst befremdlich vorkommen mag ist die Tatsache, dass auch Häsinnen dies mit einem Bock tun. Es geht dabei schlichtweg immer um das Klären der Rangordnung. Bei Jungtieren handelt es sich lediglich um Spielerei. Falls ein einzelnes Tier von den anderen ständig berammelt wird, erzeugt dies bei ihm jedoch enormen Stress. Unter Umständen musst Du die Tiere dann trennen oder die Unterkunft der Gruppe vergrößern, sodass es mehr Ausweichmöglichkeiten gibt.

Schnüffeln

Aufregung und Anspannung verrät eine schnelle Bewegung des Näschens zusammen mit einer beschleunigten Atmung. Wenn sich das Zwergkaninchen dabei auch noch auf die Hinterbeine stellt, haben unbekannte Düfte seine Aufmerksamkeit erregt oder es hält Ausschau nach möglichen Feinden. Sollte die schnelle Atmung dauerhaft bestehen, dann lass bitte eine Lungenerkrankung vom Tierarzt ausschließen.

Reiben des Kinns

Eine seiner Duftdrüsen befinden sich am Kinn des Zwergkaninchens. Wenn es also das Kinn an Gegenständen reibt, dann wird dadurch nur sein Revier oder sein Besitztum markiert. Unter Umständen gehörst auch Du dazu, sodass Du Dich nicht über das Reiben des Kinns an Dir wundern solltest.

9. Artgerechte Beschäftigung für ein Zwergkaninchen

In ihrem natürlichen Umfeld sind Kaninchen extrem aktiv und tagsüber fast immer beschäftigt. Innerhalb ihrer Gruppe müssen sie die Rangordnung im Kampf immer wieder neu festlegen. Außerdem geht ein Großteil ihrer Zeit für die Futtersuche drauf, und auch das Höhlensystem will stets aus- und umgebaut werden. Die Paarung und die Aufzucht der Jungen nimmt ebenfalls viel Platz in ihrem Alltag ein.

Wenn die Tiere bei Dir leben, dann gibt es viele dieser Aufgaben und Aktivitäten einfach nicht mehr. Es reicht also bei Weitem nicht aus, wenn Du Deinen Zwergkaninchen viel Platz anbietest, Du musst auch für ausreichend Beschäftigung sorgen. Es ist ein Grundbedürfnis des Kaninchens, eine wichtige Aufgabe im Leben zu haben. Um Deine Tiere artgerecht zu beschäftigen ist meistens gar kein riesiger Kosten- und Zeitaufwand notwendig. Schon mit einfachen Dingen und ein wenig Kreativität kannst Du den Langohren eine Freude machen und ihnen den Tag versüßen.

9.1 Zwergkaninchen brauchen Abwechslung

Wie Du nun sicher bereits verstanden hast, sind Zwergkaninchen nicht gerade anspruchslos, wie das leider oft angenommen wird. Sie wollen an Deinem Leben teilhaben und fest integriert werden. Langeweile ist für sie fatal, denn dann werden sie träge, verfetten und werden schließlich irgendwann krank. Ähnlich wie bei Kleinkindern, musst Du Abwechslung in ihren Alltag bringen, denn bekannte Dinge öden die Tiere nach einiger Zeit an. Was sie heute noch neugierig macht und sie stundenlang beschäftigt, wird morgen bereits links liegen gelassen. Einmal in der Woche solltest Du deshalb Deinen Blick über das Gehege schweifen lassen und überlegen, wie Du das Beschäftigungsangebot verändern und wieder interessant gestalten könntest.

9.2 Buddelkiste gehört zur Standardausstattung

Zu den Urinstikten der Kaninchen gehört das Graben, denn schließlich verbringen sie einen Großteil des Tages in ihrem Bau. Natürlich spielt die Haltung eine entscheidende Rolle dabei, welche Aktivitäten Du Deinen Tieren anbieten kannst. Um das Bedürfnis nach Buddeln zu erfüllen, ist ein Außengehege sicher die beste Lösung. Falls Dir die Außenhaltung nicht möglich sein sollte, kannst Du Deinen Zwergkaninchen alternativ auch eine Buddelkiste anbieten. Dafür reicht eine einfache Kiste oder auch ein Karton vollkommen aus. Idealerweise füllst Du Sand oder Erde hinein und platzierst die Buddelkiste dann in einer Ecke des Geheges, die für alle Tiere gut zugänglich ist. Du musst natürlich mit ordentlich Dreck rechnen, aber das ist ein gutes Zeichen dafür, dass sich Deine Tiere rundum wohlfühlen.

9.3 Das Gang- und Höhlensystem imitieren

Unter der Erdoberfläche legen Kaninchen in freier Wildbahn ein weitreichendes System aus Tunneln und Höhlen an. Als Haustiere können sie sich leider keinen unterirdischen Bau einrichten. Damit sich die Zwergkaninchen aber dennoch wohlfühlen und sinnvoll beschäftigt sind, kannst Du dieses Konstrukt zumindest halbwegs nachahmen. Du kannst Deinen

Tieren einige Objekte zur Verfügung stellen, die viel Spannung und Spaß versprechen. Neben diversen Tunneln aus dem Zoofachhandel eignen sich auch Korkröhren, Abflussrohre aus dem Baumarkt oder simple Kartons ganz gut dafür. Diese werden von den Zwergkaninchen gerne als Versteckmöglichkeiten genutzt. In regelmäßigen Abständen solltest Du die Elemente austauschen, damit es den Tieren nicht langweilig wird.

9.4 Fütterung kann auf spielerische Weise erfolgen

Wildkaninchen können nicht bequem vor dem vollen Napf sitzen, sie müssen ihr Futter suchen und es sich teilweise sogar erarbeiten. Da Deine Zwergkaninchen immer Futter zur Verfügung haben, haben sie dazu keinerlei Anreiz mehr. Dieser Urinstinkt schlummert jedoch auch in den Haustieren und kann leicht wieder angesprochen werden. Es gibt verschiedene Möglichkeiten, wie die Tiere für ihr Futter auch etwas tun müssen. Verbinde doch die Fütterung einfach mit etwas Spannung und Spiel.

So kannst Du beispielsweise verschiedene Gemüsestücke auf eine Hanfkordel fädeln und diese dann etwas erhöht anbringen. Um an die Leckereien zu gelangen, müssen die Zwergkaninchen sich nun recken und strecken oder sogar auf die Hinterläufe stellen. Das kommt ihrer Gesundheit und Fitness definitiv zugute. Im Handel gibt es zu diesem Zweck auch Futterbälle oder -bäume zum Bestücken. Du kannst aber das Futter auch einfach ein wenig in der Unterkunft verteilen, also beispielsweise auf erhöhten Stellen oder in den Versteckmöglichkeiten.

9.5 Natürliche Materialien zur Beschäftigung

Du musst nicht viel Geld ausgeben, um Deine Zwergkaninchen artgerecht zu beschäftigen. Die Natur bietet Dir eine Fülle an Möglichkeiten an, die Dir ständig zur Verfügung steht und die Du vollkommen kostenfrei nutzen kannst. Zwergkaninchen haben von Natur aus ein sehr starkes Nagebedürfnis, obwohl sie nicht zu den Nagetieren zählen. Zum Knabbern bieten sich Äste und Zweige von verschiedenen Bäumen und Sträuchern an. Achte lediglich darauf, dass es sich um gesundheitlich unbedenkliche Pflanzen handelt, wie beispielsweise vom Apfel- oder Birnbaum. Dann kannst Du auch gerne die Blätter und Knospen dranlassen. Du musst die Zweige einfach nur ins Gehege legen, oder Du hängst sie so auf, dass die Tiere gut herankommen können. Auch die Rinde von Bäumen ist prima geeignet, große Stücke kannst Du auch als Tunnel aufstellen. Im Wald kannst Du Tannenzapfen sammeln, und zwischen die Schuppen dann Obst, Gemüse oder andere Leckereien stecken. Achte bitte darauf, dass sich kein Harz an den Zapfen befindet.

9.6 Spielzeug aus dem Haushalt, dem Fachhandel und dem Baumarkt

Du musst lediglich Deiner Fantasie etwas freien Lauf lassen, dann fallen Dir die tollsten Beschäftigungsmöglichkeiten für Deine Langohren ein. Gerade der eigene Haushalt oder der Baumarkt sind wahre Fundgruben für einfache, aber aufregende Spielideen. Papprollen vom Toiletten- oder Küchenpapier hat jeder im Haushalt, und die kannst Du besonders vielfältig einsetzen. Achte aber immer darauf, dass die Zwergkaninchen das Papier nicht fressen. Fülle Leckerlis hinein und verschließe beide Enden mit etwas Papier oder Heu. Nachdem die Tiere dieses entfernt haben, gelangen sie an das Futter.

In eine Kunststoffflasche kannst Du mehrere Löcher schneiden, um den Flaschenkörper dann mit Leckereien zu bestücken. Achte bitte unbedingt darauf, dass die Ränder der Löcher nicht scharfkantig sind und glätte sie bei Bedarf sorgfältig. Für Katzen und Hunde gibt es ein sogenanntes Clicker-Training, welches auch bei einigen Zwergkaninchen gut funktionieren kann. Dazu verwendet man einen sogenannten Target-Stick, der mit einem Knopf ausgestattet ist. Beim Drücken ertönt ein Klick-Geräusch, das keinesfalls zu laut sein darf, um ein Erschrecken zu vermeiden. Wenn das Tier dem Stick folgt, dann bekommt es eine Belohnung, sodass es diese Art des Trainings schnell verinnerlichen kann. Auch Kaninchen können Tricks und Kunststücke erlernen, Du musst lediglich viel Zeit und Geduld aufbringen.

Äste oder Zweige kannst Du einfach nur auf den Boden legen, oder Du steckst sie in einen Lochstein aus dem Baumarkt, dann entsteht eine Art Baum. Eine Papiertüte kannst Du mit Heu befüllen, und die Kaninchen dann dabei beobachten, wie sie vergnügt darin herum rascheln. Bälle aus geflochtener Weide werden nicht nur gerne durch die Gegend gerollt, sie lassen sich auch gut mit Futter befüllen. Solche Bälle gibt es im Zoofachhandel auch aus buntem Kunststoff, wobei sie an den natürlichen Materialien auch zusätzlich noch knabbern können. In eine alte Socke kannst Du unten ein Loch hineinschneiden und die Socke dann mit Heu befüllen und aufhängen.

Rohre aus dem Baumarkt sind gut als Tunnel für die Zwergkaninchen geeignet. Auch alle anderen Objekte, die sich zu einer Brücke oder einer Röhre formen lassen, sind zur Beschäftigung und als Unterschlupf verwendbar. Wichtig ist, dass der Durchmesser der Rohre groß genug ist, damit kein Tier darin steckenbleibt.

Im Fachhandel gibt es mittlerweile auch eine beträchtliche Auswahl an Intelligenzspielzeugen für Zwergkaninchen. Nicht alle Tiere sind gleichermaßen lernbegierig und ausdauernd. Deshalb musst Du einfach ausprobieren, ob derartige Dinge angenommen werden. Immer müssen die Zwergkaninchen gewisse Aufgaben erfüllen, um an ein begehrtes Leckerli zu gelangen. Das ist ein gewaltiger Lernprozess, der erst einmal bewältigt werden muss. Wenn Du mit Leckerlis arbeitest, dann achte auf einen maßvollen Umgang, damit Deine Tiere kein Übergewicht entwickeln.

Abbildung 7 - Kaninchenspielzeuge

9.7 Trendsportart aus Schweden: Kaninhop

Viele Hundehalter gehen mit ihren Tieren zum Hundesport, und auch für Kaninchen gibt es seit einiger Zeit einen absoluten Trendsport, der sie gesund und fit hält. Aus Schweden stammt der sogenannte Kaninhop, der auch hierzulande immer mehr begeisterte Anhänger findet. Im Prinzip ist es ganz einfach, denn das Zwergkaninchen überspringt verschiedene Hürden, während es an der Leine geführt wird. Inzwischen finden sogar richtige Wettkämpfe statt, bei denen die Kaninchen sich mit anderen messen. Diese sind jedoch mit Vorsicht zu genießen, denn in diesem Fall geht es eher um den Profit für den Halter als um den Spaß für die Tiere. Diese sind eher großem Stress ausgesetzt, sodass der eigentliche Sinn dabei vollkommen verloren geht.

Kaninhop ist sicher eine sinnvolle Beschäftigung für Deine Tiere, aber Du solltest dabei ein paar Punkte berücksichtigen. Du kannst diesen Sport ganz einfach zu Hause ausüben, ohne dass eine Leine vonnöten wäre. Du musst Dir lediglich ausreichend Zeit für das Training nehmen und sehr geduldig mit Deinen Lieblingen sein. Du solltest die Tiere nicht über eine Hürde heben, damit sie verstehen, worum es beim Kaninhop geht. Nimm lieber ein paar Leckerlis in die Hand, und locke sie damit über die Hindernisse. Auf diese Weise verbinden sie das Training mit etwas Angenehmem und werden sich künftig gerne darauf einlassen. Lege den Leckerbissen zunächst auf die Hürde. Achte darauf, dass diese nicht zu hoch ist und dass sie auch nachgibt, falls ein Tier dagegen stößt. Nur so lassen sich Verletzungen beim Kaninhop vermeiden. Das nächste Leckerli platzierst Du dann als Ansporn hinter dem Hindernis.

10. Große Fehler, die es zu vermeiden gilt

Nach Hunden und Katzen sind Zwergkaninchen in Deutschland die populärsten Haustiere. Allerdings sind es auch die Haustiere, die am ehesten unter einer schlechten Haltung zu leiden haben. Das liegt einfach an einer mangelnden Aufklärung und der Annahme, dass es sich bei Zwergkaninchen um sehr pflegeleichte und genügsame Tiere handelt. Die Realität sieht leider anders aus, denn wenn Du eine artgerechte Haltung anstrebst, dann gibt es jede Menge Fehler, die Dir dabei unterlaufen können.

10.1 Zwergkaninchen werden im Zoohandel gekauft

Bereits beim Kauf von Zwergkaninchen machen Tierhalter häufig gleich den ersten großen Fehler. Kleintiere solltest Du nie im Zoofachhandel kaufen, denn mehrere Gründe sprechen dagegen. Du musst davon ausgehen, dass die Tiere von Züchtern stammen, die keinen großen Wert auf eine artgerechte Haltung legen. In erster Linie dient die Zucht dem Geldgewinn, und die Häsinnen sollen so viele Würfe wie möglich hervorbringen. Gerade deren Bedürfnissen wird die Zucht oftmals nicht gerecht, sodass es teilweise schon an Tierquälerei grenzt. Deshalb solltest Du solche Verkaufsstätten nach Möglichkeit nicht unterstützen. Auch im Zoogeschäft selbst ist keine artgerechte Haltung gewährleistet, auch wenn die Tiere sich nur ein paar Wochen dort aufhalten. Dennoch sind die Ställe viel zu klein, und der Besucherandrang verursacht permanenten Stress bei den Zwergkaninchen. Schau Dich lieber in Tierheimen und Nothilfen für Hoppler um, denn zahlreiche Tiere müssen dort ausharren und wünschen sich sehnlichst ein schönes Zuhause. Die Mitarbeiter sind mit jedem einzelnen Tier vertraut und können Dir Auskunft über dessen Charakter und Verhaltensweisen geben. So kannst Du gleich in etwa einschätzen, ob das Zwergkaninchen zu Dir und einer eventuell bereits bestehenden Gruppe passt.

10.2 Unterkunft ist nicht artgerecht

Sind Zwergkaninchen angeschafft, geht es darum, wo diese untergebracht werden sollen. Genau an diesem Punkt passiert meistens der nächste fatale Fehler. Eine reine Käfighaltung sollte absolut tabu sein, denn diese wird den Tieren in keinster Weise gerecht und muss als Tierquälerei eingestuft werden. Zwergkaninchen brauchen aufgrund ihres enormen Bewegungsdrangs einen möglichst großen Freilauf. Es reicht auch nicht aus, wenn Du auf einen mehrstöckigen Stall setzt, denn zum Rennen und Hüpfen kommt es immer auf die Grundfläche an. Ein Käfig oder Stall kann höchstens als Behausung in ein Gehege integriert werden, darf aber niemals dauerhaft genutzt werden. Hast Du im Garten keinen Platz für ein Gehege, dann richte den Zwergkaninchen ein Zimmer in Deiner Wohnung ein oder trenne zumindest einen großen Bereich für sie ab.

10.3 Einzelhaltung mit verschiedenen Begründungen

Einzelhaltung von Zwergkaninchen ist mittlerweile sogar

gesetzlich verboten. Doch wer will die Haushalte kontrollieren, ob diese Regelung auch tatsächlich eingehalten wird? Kaninchen sind äußerst gesellige Tiere und brauchen ihre Sozialkontakte. Als Artgenossen bieten sich vor allem Geschwister aus dem gleichen Wurf an. Diese vertragen sich in der Regel von Anfang an, und Du musst später keine zeitaufwendige und nervenaufreibende Vergesellschaftung durchführen. Besser als zwei Tiere ist jedoch immer noch eine kleine Gruppe.

Einzelhaltung ist nicht immer unbedingt auf mangelnde Information zurückzuführen. Oftmals ist die Rede von unverträglichen Tieren, die mit anderen einfach nicht zurechtkommen. In der Regel lassen sich aber alle Zwergkaninchen miteinander vergesellschaften, wenn Du es richtig anstellst. Wie das am besten funktioniert, erfährst Du später noch. Manchmal ist es auch so, dass man eigentlich keine Kaninchen mehr halten möchte, und irgendwann nur noch ein einzelnes Tier übrigbleibt, wenn die anderen nach und nach verstorben sind. Das ist aber kein schöner Lebensabend für Dein Zwergkaninchen, weshalb Du es in diesem Fall in liebevolle Hände abgeben solltest. In der Tat gibt es immer noch Kaninchenhalter, die bestreiten, dass Zwergkaninchen Sozialkontakte brauchen. Sie sind der Ansicht, dass sie sich ja genügend um die Tiere kümmern. Wie Du aber bereits gelernt hast, kann kein Mensch Artgenossen ersetzen.

10.4 Wohnung ist für die artgerechte Haltung ungeeignet

Hast Du Dich dazu entschieden, Deine Zwergkaninchen mit in Deinen Alltag einzubeziehen und durch die ganze Wohnung hoppeln zu lassen, musst Du entsprechende Vorkehrungen treffen. Du hast Verantwortung für die Tiere und musst auch damit rechnen, dass sie Deine Einrichtung anknabbern. Deshalb räume alles aus dem Weg, was Dir lieb und heilig ist. Kabel dürfen für sie nicht frei zugänglich sein, selbst Kabelwannen bieten keine ausreichende Sicherheit. Auch hier kann noch ein Stück Kabel hervorblitzen und zur tödlichen Gefahr werden. Vor allem Stehlampen solltest Du aus dem Umfeld der Zwergkaninchen verbannen. Etwas entspannter kannst Du sein, wenn Du ein Zimmer speziell für die Mümmelmänner herrichtest. Dieses kannst Du perfekt an die Bedürfnisse der Tiere anpassen und Gefahrenquellen komplett eliminieren.

10.5 Zwergkaninchen haben zu wenig Auslauf

Viele halten Ihre Zwergkaninchen in einem Hasenstall und gönnen ihnen dann täglich etwas Auslauf in einem Freigehege. Das ist bei Weitem nicht genug, denn die Tiere müssen mehrere Stunden am Tag ungehindert durch die Gegend hüpfen können. Hast Du drinnen also nicht allzu viel Platz, musst Du jeden Tag einen mehrstündigen Auslauf im Freien gewährleisten können.

10.6 Tiere bekommen falsches und minderwertiges Futter

Einer der häufigsten Fehler in der Zwergkaninchenhaltung ist die Verwendung falscher Futtermittel. Fast alles, was Du im Handel an Futter für Zwergkaninchen zu kaufen bekommst, ist vollkommen ungeeignet für deren Ernährung. Es ist nicht nur ungeeignet, sondern kann unter Umständen auf lange Sicht auch der Gesundheit stark schaden. Nicht selten sieht man übergewichtige Tiere, die oftmals auch Diabetes entwickeln. Das liegt daran, dass die Futtermittel zu viele Kohlenhydrate enthalten. Auch Verdauungsprobleme sind in diesem Fall fast immer vorprogrammiert. Körner fressen Kaninchen von Natur aus überhaupt nicht, sie ernähren sich von Gräsern und Kräutern. Dazu noch etwas Gemüse und Heu zu jeder beliebigen Tageszeit. Es gibt inzwischen etliche Warnungen und Kampagnen von Tierärzten, um Kaninchenhalter aufzuklären. Trockenfutter wird dennoch immer wieder gerne gekauft, weil man sich einfach nicht ausreichend informiert hat, oder weil es einfach als normal gilt, Futter aus dem Zoogeschäft anzubieten. Natürlich können auch Menschen, die sich ungesund ernähren, sehr alt werden, das ist auch bei Zwergkaninchen nicht anders. Dennoch setzt Du Deine Tiere einem sehr hohen Risiko zur Entwicklung diverser Erkrankungen aus, wenn Du sie nicht artgerecht und gesund ernährst. Viele Zwergkaninchen erreichen aus diesem Grund kein allzu hohes Alter, und das könnte man leicht vermeiden.

10.7 Tierarzt wird zu selten aufgesucht

Wenn Du Zwergkaninchen hältst, dann solltest Du im Vorfeld immer nach einem Tierarzt Ausschau halten, der sich besonders gut mit diesen Tieren auskennt. Leider ist es oftmals so, dass Tierhalter erst dann einen Tierarzt aufsuchen, wenn sie Auffälligkeiten bemerken. Nicht selten sind gesundheitliche Probleme dann aber schon sehr weit fortgeschritten. Dann kann eine Behandlung häufig nicht mehr greifen, und das Zwergkaninchen verstirbt oder muss eingeschläfert werden. Grundsätzlich solltest Du wenigstens einmal im Jahr vom Tierarzt eine Kontrolluntersuchung durchführen lassen. Denke bitte auch an die wichtigen jährlichen Impfungen gegen die

Chinaseuche und Myxomatose.

10.8 Kaninchen werden ausschließlich für die Kinder angeschafft

Kinder lieben Tiere, und natürlich stehen Zwergkaninchen ganz oben auf der Wunschliste, wenn es um die Anschaffung eines Haustieres geht. Aber Kinder wollen eben auch gerne Kuscheltiere haben, die sie nach Herzenslust streicheln und auf den Arm nehmen können. Das sind Zwergkaninchen jedoch nicht, denn sie wollen gar nicht ständig hochgenommen werden, das kann bei ihnen sogar Angst auslösen. Auch die Pflege ist teilweise sehr aufwendig, sodass man den Zeitfaktor nicht unterschätzen sollte. Es ist also nicht damit getan, ein Zwergkaninchen für Kinder zu kaufen und es in einen handelsüblichen Käfig zu setzen. Eltern müssen immer die Verantwortung für die Tierhaltung übernehmen. Du kannst den Kindern beibringen, wie man respektvoll mit diesen niedlichen Lebewesen umgeht und wie man sich richtig um sie kümmert. Natürlich dürfen die Tiere am Boden gestreichelt und auch aus der Hand gefüttert werden. In erster Linie sind Zwergkaninchen aber Tiere, die man ganz wunderbar beobachten kann. Eltern müssen sich immer darüber im Klaren sein, dass sie für die Reinigungsarbeiten zuständig sein werden und Kinder lediglich mit einbeziehen können. Oftmals verlieren Kinder nach einer gewissen Zeit auch das Interesse an den Zwergkaninchen, wenn der Umgang mit ihnen nicht den Erwartungen entspricht. Was es beim Umgang von Kindern mit Zwergkaninchen genau zu beachten gilt, erklären wir in einem der folgenden Kapitel genauer.

11. Adoptieren statt kaufen

Zwergkaninchen sind längst nicht die anspruchslosen Haustiere, als die sie häufig dargestellt werden. Dennoch sind sie, im Gegensatz zu manch anderen Haustieren, recht unkompliziert. Schließlich kannst Du sie als Berufstätiger auch tagsüber allein lassen und musst nicht mehrmals täglich mit ihnen Gassi gehen. Wenn Du mindestens zwei Tieren ein artgerechtes Zuhause bietest und sie gesund und abwechslungsreich ernährst, kannst Du bis zu zwölf Jahre tolle Mitbewohner haben.

Steht der Entschluss zur Haltung von Zwergkaninchen fest, musst Du überlegen, woher Du die Tiere bekommst. Erste Anlaufstellen, die Dir spontan in den Sinn kommen, sind sicher Zoohandlungen und Züchter. Zoohandlungen gibt es in jeder größeren Stadt, sodass Du in diesem Fall garantiert schnell fündig wirst. Wie bereits weiter oben erwähnt, sollten diese Händler jedoch nicht unterstützt werden. Die Tiere können in der Zoohandlung niemals artgerecht gehalten werden. Auch bei den Züchtern, welche die Tiere liefern, lassen die Haltungsbedingungen nicht selten zu wünschen übrig. Züchtern geht es häufig auch nur um den Verdienst, sodass gerade die Muttertiere auf der Strecke bleiben und an vielen Stellen gespart wird.

11.1 Im Tierheim warten viele Zwergkaninchen auf ein Zuhause

Wie wäre es mit einer Adoption, statt Zwergkaninchen zu kaufen? In den deutschen Tierheimen sitzen viele Zwergkaninchen und wünschen sich sehnlichst ein schönes Zuhause. Auch in Tiernothilfen kannst Du Dich einmal umsehen, meistens werden die Tiere auch im Internet kurz vorgestellt. Es gibt viele unterschiedliche Gründe, warum Zwergkaninchen in einem Tierheim landen. Einzelne Tiere sind manchmal ausgebüxt und wurden von lieben Menschen ins Tierheim gebracht. Ein weiterer Grund ist das Aussetzen der Tiere, weil man keine Zeit mehr für sie hat oder weil man die Tierhaltung aufgeben möchte. Leider passiert das häufig vor der Urlaubszeit, wenn Leute nicht wissen, wohin mit den Kaninchen. Sollte man irgendwann kein Interesse mehr an der Haltung haben, dann nehmen Tierheime Zwergkaninchen gegen eine Schutzgebühr auf und suchen eine neue Stelle für sie. Auch wenn das einem Tierhalter vielleicht unangenehm sein könnte, es bewahrt die Tiere vor dem Tod. Viele ausgesetzte Zwergkaninchen verenden nämlich qualvoll, weil niemand sie rechtzeitig gefunden hat.

11.2 Die passenden Zwergkaninchen im Tierheim finden

Hast Du Dich dafür entschieden, Zwergkaninchen aus dem Tierheim eine Chance auf ein schöneres Leben zu geben, geht die Suche nach geeigneten Tieren los. Leider versteifen sich gerade Anfänger darauf, dass es unbedingt Jungtiere zu sein haben. Deshalb gehen auch viele in die nächstbeste Zoohandlung, da hier normalerweise nur junge Zwergkaninchen verkauft werden. Babys bekommst Du in Tierheimen meistens nur, wenn diese ein trächtiges Weibchen aufgenommen haben. Bei Abgabetieren kannst Du aber das Glück haben, dass Du gleich ein passendes Duo findest, das bereits aneinander gewöhnt ist.

Ideal sind Zwergkaninchen aus dem Tierheim auch dann, wenn

eines Deiner Tiere seinen Partner verloren hat. Dann solltest Du kein Jungtier dazu setzen, denn das läuft mit hoher Wahrscheinlichkeit auf große Reibereien hinaus. Beobachte die Tiere beim Besuch im Tierheim ganz aufmerksam, denn zu einem eher trägen Kaninchen passt kein aktiver Wirbelwind. Du solltest schon darauf achten, dass das Temperament in etwa harmoniert. Im Tierheim hast Du den großen Vorteil, dass die Mitarbeiter den Charakter der Zwergkaninchen häufig sehr gut kennen. Im Zoofachhandel kann Dir hingegen keiner darüber Auskunft geben.

11.3 Darauf kommt es bei der Adoption von Zwergkaninchen an

Falls Du Zwergkaninchen aus dem Tierheim adoptieren möchtest, musst Du unbedingt ein paar wichtige Punkte berücksichtigen. Bedenke bitte, dass jedes dieser Kaninchen eine Vergangenheit hat. Häufig hatten die Tiere auch schon mehrere Vorbesitzer und nicht immer ein schönes Leben. Das hat leider zur Folge, dass sehr viele der Zwergkaninchen eher ängstlich sind. Das bedeutet, dass Du diesen Tieren sehr viel Geduld entgegenbringen musst, damit auch sie irgendwann zu zutraulichen Haustieren werden können. Gerade, wenn Deine Kinder sich auf die Zwergkaninchen gefreut haben, musst Du sie darauf vorbereiten, dass es einige Zeit dauern kann, bis sie gestreichelt werden können. Natürlich sind Tierheime froh darüber, wenn sie das Tier in ein neues Zuhause abgeben dürfen. Ein seriöses Tierheim will aber immer wissen, wo die Zwergkaninchen hinkommen und unter welchen Bedingungen sie leben werden. Bevor die Tiere vermittelt werden, muss somit eine artgerechte Unterbringung sichergestellt sein.

Du bist in diesem Fall auch nicht der Eigentümer der Zwergkaninchen, deshalb ist auch von „Adoption“ die Rede. Du unterzeichnest einen Vermittlungsvertrag und versprichst damit, Dich um das Tier zu kümmern und auch die Kosten für Behandlungen beim Tierarzt zu übernehmen. Das Tier bleibt Eigentum des Tierheims, und dieses hat sogar ein Recht auf Rückforderung, falls es den Tieren im neuen Zuhause nachweislich nicht gut geht.

Du zahlst eine sogenannte Vermittlungspauschale, die für Häsinnen etwa 20 bis 35 Euro und für Rammler etwa 30 bis 45 Euro beträgt. Bei den männlichen Zwergkaninchen hast Du den Vorteil, dass diese immer kastriert sein müssen. Um eine unkontrollierte Vermehrung auszuschließen, sind die Tierheime per Gesetz zur Kastration verpflichtet. Achte bei frischer Kastration bitte darauf, dass das Tier die nächsten sechs Wochen nicht mit einer Häsin zusammengesetzt wird. Innerhalb dieses Zeitraums ist der Rammler nämlich durchaus noch zeugungsfähig.

11.4 Informationen über den Gesundheitszustand verlangen

Manche Tierhalter geben Zwergkaninchen auch ab, weil sie an einer chronischen gesundheitlichen Problemen leiden, wie beispielsweise einer Zahnfehlstellung oder dem Kaninchenschnupfen. Erkundige Dich also unbedingt im Tierheim nach dem Gesundheitszustand der Tiere. Sicher können auch diese Tiere ein glückliches Leben haben, nur musst Du Dich auf regelmäßige Tierarztbesuche und höhere Kosten einstellen. Eventuell musst Du Deinem Tier dann auch langfristig Medikamente verabreichen.

Natürlich muss Dir das Tierheim wahrheitsgemäß Fragen zur Gesundheit beantworten. Allerdings kann sich dies unter Umständen schwierig gestalten, falls es sich um Fundtiere handelt. In der Regel kommt ein Tierarzt in regelmäßigen Abständen ins Tierheim und nimmt auch notwendige Impfungen vor. Gerade wenn Tiere frisch aufgenommen wurden, werden sie besonders gründlich untersucht.

11.5 Ein seriöses Tierheim oder eine gute Tiernothilfe finden

Tierärzte können Dir oft bereits sagen, in welchen Tierheimen oder bei welcher Nothilfe gerade Zwergkaninchen zur Vermittlung sind. Die meisten Einrichtungen haben auch eine eigene Homepage, sodass Du Dir im Internet einen ersten Überblick verschaffen kannst. Schau Dich auch ruhig in etwas weiter entfernten Tierheimen um. Dann hast Du eine größere Auswahl, und eine längere Fahrt kann sich durchaus lohnen. Erkundige Dich dann am besten telefonisch nach den potenziellen neuen Pfleglingen, um sicherzustellen, dass sie auch sicher noch zu vermitteln sind. Vereinbare am besten einen festen Termin für den Besuch, damit ein Mitarbeiter dann auch wirklich Zeit hat.

In einem guten Tierheim hätten Zwergkaninchen normalerweise ausreichend Platz, um ihren Bewegungsdrang ausleben zu können. Leider ist dies aufgrund der hohen Anzahl an Vermittlungstieren meistens nicht realisierbar. Allerdings sollten die Unterkünfte sauber sein und den Eindruck hinterlassen, dass sie täglich gesäubert werden. Heu, Futter und frisches Wasser muss ständig zur Verfügung stehen. Auch die Zwergkaninchen selbst müssen einen gepflegten Eindruck machen. Die Krallen müssen schön kurz sein, das Fell darf nicht struppig aussehen.

Auf den Besuch im Tierheim solltest Du Dich ein wenig vorbereiten. Nimm am besten ein paar Bilder von dem vorhandenen Gehege auf, damit sich die Mitarbeiter im Tierheim ein Bild vom neuen Zuhause machen können. Auch wenn Du einen Ausbau geplant hast, solltest Du das im Gespräch unbedingt ansprechen. Idealerweise bringst Du auch die Impfpässe Deiner anderen Zwergkaninchen mit, falls Du bereits welche hältst. Für den Fall, dass ein Zwergkaninchen das Richtige für Dich ist, solltest Du gleich eine Transportbox mitnehmen.

12. Neue Vergesellschaftung mit Erfolg

Wenn Du Zwergkaninchen hältst, musst Du Dich auch mit dem Thema Vergesellschaftung auseinandersetzen. Früher oder später musst Du wahrscheinlich ein neues Zwergkaninchen an ein bereits vorhandenes Tier oder an eine ganze Gruppe gewöhnen. Eine gute Vorbereitung ist bei der Vergesellschaftung das A und O. Halte Dir stets vor Augen, dass Du womöglich viel Geduld aufbringen musst. Du kannst Dir aber auch sicher sein, dass die meisten Vergesellschaftungen erfolgreiche verlaufen und einer harmonischen Gemeinschaft der Zwergkaninchen somit nichts im Wege steht. Natürlich verläuft nicht jede Vergesellschaftung gleich, dazu sind die Charaktere und das Temperament der Tiere einfach zu unterschiedlich. Einige kuscheln schon nach wenigen Stunden miteinander, während andere mehrere Tage lang heftige Kämpfe austragen, bis die Rangordnung endlich geklärt ist. Es ist deshalb empfehlenswert, dass Du Dir ein paar Tage freinimmst, wenn eine Vergesellschaftung ansteht.

12.1 Darauf ist vor der Vergesellschaftung zu achten

Niemand kann vorher mit Gewissheit sagen, welche Zwergkaninchen sich schnell verstehen werden, und bei welchen es zunächst zu Rangeleien kommen wird. Im Prinzip kannst Du aber jedes Zwergkaninchen mit anderen vergesellschaften. Es gibt nur ganz wenige Ausnahmen, die sich wirklich nicht in eine Gruppe integrieren lassen. Eine Vergesellschaftung von zwei bis drei Tieren sollte Dir gut gelingen, bei einer größeren Gruppe musst Du Dir unbedingt Hilfe von Personen mit viel Erfahrung auf diesem Gebiet holen.

Die Partnerwahl

Wenn Du bei der Partnerwahl aber ein paar Tipps beherzigst, kannst Du Dir bei der Vergesellschaftung gleich einiges ersparen. Sollten beide Tiere dominant sein, werden sich ständige Streitereien, teils auch mit schweren Verletzungen, nicht vermeiden lassen. Auf der anderen Seite passen aber auch zwei unterwürfige Zwergkaninchen nicht wirklich zusammen, denn die fehlende Orientierung sorgt meistens für große Verunsicherung. Die Kombination aus beidem ist der Idealfall, denn dann können die Tiere die Rangordnung rasch untereinander klären. Auch die Verteilung der Geschlechter ist wichtig. Bei zwei Tieren hältst Du am besten eine Häsin zusammen mit einem kastrierten Rammler, das bringt die wenigsten Probleme. Zwei Männchen werden öfter miteinander kämpfen, und auch zwei Weibchen werden sich immer wieder anzicken. Nur wenn Du zwei früh kastrierte Rammler zusammensetzt, kann es funktionieren. Willst Du eine größere Gruppe halten, dann achte auf ein möglichst ausgewogenes Verhältnis.

Das Alter

Sofern Du ein neues Tier in eine Gruppe integrieren oder zu einem anderen Zwergkaninchen dazusetzen möchtest, musst Du definitiv auch das Alter berücksichtigen. Es ist anzuraten, einem erwachsenen Zwergkaninchen kein Jungtier als Gesellschaft zuzumuten. Die älteren Tiere sind wesentlich ruhiger und könnten sich durch einen quirligen und aufgeweckten Kameraden schnell gestört fühlen. Die Jungen wollen eigentlich nur zum Spielen auffordern, doch wenn dies nicht erwünscht ist, kann es zu schweren Verletzungen durch

Bisse kommen. Zwei Kaninchen, die maximal vier Monate alt sind, lassen sich am einfachsten vergesellschaften. Auch zwei erwachsene Tiere lassen sich normalerweise gut zusammenbringen, wenn Du geduldig bist.

Gesundheitszustand der Zwergkaninchen überprüfen

Vor einer Zusammenführung sollten alle Tiere ganz gesund und topfit sein. Zum einen kann die Vergesellschaftung sehr kräftezehrend sein, und zum anderen dürfen auch keine Krankheiten übertragen werden. Lass vorab am besten beim Tierarzt eine Kotprobe der Tiere auf Parasiten untersuchen. Ein zusätzlicher Bluttest gibt Aufschluss über den aktuellen E. Cuniculi-Status. Damit Neuinfektionen ausgeschlossen werden können, darfst Du nur EC-positive und EC-negative Tiere zusammensetzen. Bis zu 40 Prozent aller Zwergkaninchen tragen diesen Erreger in sich. Viele haben überhaupt keine Symptome, können den Erreger aber auf andere Tiere übertragen.

Quarantäne für die Neuzugänge

Vor der Vergesellschaftung müssen die Neuzugänge auf jeden Fall in Quarantäne. Das ist eine wichtige Vorsichtsmaßnahme, denn schließlich könnten im Neuzugang noch Krankheitserreger schlummern, die dann auf die bereits vorhandenen Tiere übertragen werden könnten. Die Quarantäne sollte mindestens zwei Wochen betragen, wenn möglich lieber vier Wochen. Es ist essenziell, dass die Tiere sich während dieser Zeit weder sehen noch riechen können. In diesem Fall könnte bereits ein Konkurrenzkampf entstehen, der dann beim ersten Aufeinandertreffen eskalieren würde.

Die Auswahl des idealen Orts

Es ist unabdingbar, dass Du für die Vergesellschaftung einen neutralen Ort aussuchst. Findet die Zusammenführung im Revier eines der Tiere statt, würde dasjenige es unter Umständen bis aufs Blut verteidigen. Du kannst beispielsweise einen Auslauf in einem Zimmer aufbauen, in dem noch keinerlei Markierungen von anderen Zwergkaninchen vorhanden sind. Hältst Du Deine Zwergkaninchen im Freien, kannst Du den Gitterauslauf auch draußen aufstellen. Dann musst Du aber für ausreichend Schutz sorgen, denn die Vergesellschaftung kann sich über einige Tage hinziehen.

Es müssen mehrere Futterstellen, Versteckmöglichkeiten und Toiletten vorhanden sein. Achte auf eine Mindestgröße von sechs Quadratmetern, sodass jedes Tier bei Bedarf ausweichen kann. Die Versteckmöglichkeiten müssen so platziert werden, dass die Zwergkaninchen auf mehreren Seiten daraus entkommen können. Kein Tier darf irgendwo in eine Ecke gedrängt werden können, denn das könnte in bösen Beißereien enden. Du musst bedenken, dass eine Stubenreinheit während der Vergesellschaftung häufig nicht garantiert ist, denn es wird mit Urin und Kot markiert. Der Untergrund darf aber dennoch nicht zu glatt sein, damit die Tiere beim Rennen nicht wegrutschen.

12.2 Die Vergesellschaftung kann beginnen

Um bei den Tieren für etwas Verunsicherung zu sorgen, kannst Du vorher noch eine Spritztour mit dem Auto mit ihnen machen, das bewirkt manchmal wahre Wunder. Verwende für alle Kaninchen, die sich noch nicht kennen, eine eigene Box. Als Zeitpunkt für den Start der Zusammenführung wählst Du am besten den Mittag, denn dann sind Zwergkaninchen normalerweise nicht ganz so aktiv.

Zunächst setzt Du alle Zwergkaninchen gleichzeitig in das Gehege und entfernst Dich dann davon. Du darfst die Tiere aber keinesfalls aus den Augen lassen, damit Du jederzeit dazwischen gehen könntest. Stelle Dich aber darauf ein, dass es durchaus turbulent werden könnte. Nicht selten finden wilde Jagden statt, Fell kann durch die Gegend fliegen und es darf auch ordentlich gefaucht werden. Zu einer Vergesellschaftung gehört das dazu, und Du musst in der Regel nicht einschreiten. Lediglich wenn das Jagen kein Ende mehr findet oder wenn es zu Beißereien kommt, musst Du die Tiere voneinander trennen und darfst sie auch nicht wieder zusammenlassen.

12.3 Der typische Ablauf der Vergesellschaftung

Natürlich sind alle Tiere Individuen mit eigenem Charakter, sodass man nie genau voraussagen kann, was passieren wird. Dennoch gibt es bei den meisten Vergesellschaftungen einen relativ ähnlichen Ablauf. Zwergkaninchen sind von Natur aus neugierig und werden sich deshalb als Erstes gegenseitig beschnuppern. Das Berammeln von vorne oder von hinten ist ein klassisches Verhalten, um die Rangordnung untereinander zu klären, es hat keinerlei sexuellen Hintergrund. Die

Zwergkaninchen jagen sich gegenseitig durch das Gehege und können sich dabei auch mal ins Fell beißen.

Abbildung 8 - Vergesellschaftung

Immer wieder unterbrechen sie das Jagen und Ruhen sich aus oder fressen etwas. Die Jagereien können anfangs sehr heftig ausfallen, sollten aber im weiteren Verlauf immer ruhiger werden. Beim Kennenlernen können die Tiere außerordentlich hohe Sprünge vollführen und regelrecht miteinander tanzen. Ein Zwergkaninchen unterwirft sich einem Artgenossen, indem es seinen Kopf flach auf den Untergrund legt. Das dominante Tier wird es dann entweder besteigen oder putzen. Mit zunehmender Dauer sollten die Langohren sich immer näherkommen, sodass der Abstand sich verringert. Sollte sich eines der Tiere während der Vergesellschaftung längere Zeit zurückziehen und überhaupt kein Interesse mehr zeigen, musst Du es wieder ins Spiel bringen, sonst ist das Projekt zum Scheitern verurteilt. Zur Not musst Du dazu auch einige Rückzugsorte aus dem Gehege entfernen. An zentralen Stellen sollten jedoch Versteckmöglichkeiten mit zwei Eingängen verbleiben.

Wenn sie zusammen fressen, dann hat die Vergesellschaftung geklappt, und die Zwergkaninchen kommen gut miteinander aus. Man kann nie voraussagen, wie schnell dies passieren. Wie bei uns Menschen, brauchen auch Zwergkaninchen manchmal mehr als drei bis vier Tage, bis sie sich verstehen und Gemeinsamkeiten entdecken. Du musst auch damit rechnen, dass es ein paar Wochen gehen kann, bis sich die Tiere sympathisch sind und sich eine Freundschaft entwickelt hat. Bis sie miteinander kuscheln können sogar einige Monate vergehen.

Erst dann dürfen alle in das endgültige Zuhause umziehen, das Du zuvor noch einmal ganz gründlich reinigen solltest. Verzichte dabei aber unbedingt auf Desinfektionsmittel. Idealerweise gestaltest Du es auch noch etwas um, damit das Gehege vom einstigen Bewohner nicht mehr als sein Revier anerkannt wird. Nach dem Umzug kann es noch zu kleineren Jagden kommen, was vollkommen normal ist und sich schnell wieder legen sollte. Nur wenn sie sich wieder bekämpfen, müssen die Zwergkaninchen noch einmal zurück in das neutrale Gehege. Bitte bedenke, dass die Tiere ab jetzt immer zusammenbleiben und nicht über Nacht oder bei Krankheit (außer bei ansteckenden Infektionen) getrennt werden sollten.

12.4 Typische Probleme bei einer Vergesellschaftung

Eine Zusammenführung von Zwergkaninchen ist grundsätzlich etwas nervenaufreibend. Plane sie deshalb am besten für einen Zeitraum, in dem Du nicht gerade mit vielen anderen Problemen beschäftigt bist, oder in dem Du generell sehr unter Stress stehst. Dass die Vergesellschaftung sehr turbulent und aufregend sein kann, das weißt Du ja bereits. Im Normalfall solltest Du die Tiere auch weitestgehend gewähren und sie die Rangordnung selbst klären lassen. Es gibt jedoch ein paar Situationen, in denen Du lieber gleich reagieren solltest, um diese zu entschärfen und die Vergesellschaftung nicht zu gefährden.

Das Jagen nimmt kein Ende

Das Jagen gehört auf jeden Fall dazu, sollte aber immer mehr nachlassen. Für ein paar Stunden werden sich die Tiere für gewöhnlich durchs Gehege jagen, immer wieder von kurzen Pausen unterbrochen. Hat sich daran aber nach ein bis zwei Wochen immer noch nichts geändert, und ein Zwergkaninchen wird fast die ganze Zeit gejagt, dann solltest Du diese Vergesellschaftung abbrechen. Inzwischen wird das Tier kaum mehr zur Ruhe kommen und sehr verängstigt sein, sodass es eine echte Zumutung ist. Wahrscheinlich wird sich daran auch nichts ändern, und die Tiere passen einfach überhaupt nicht zueinander. Unter Umständen ist ein Kaninchen von Natur aus sehr ängstlich oder nicht für das Leben in einer Gruppe geeignet. Vielleicht klappt es dann mit einem gegengeschlechtlichen Partner wesentlich besser.

Stark verängstigte Tiere

Angst ist ein gutes Stichwort, denn sie kann ein wichtiger Hinderungsgrund für eine erfolgreiche Vergesellschaftung sein. Manche Tiere verziehen sich in eine Ecke des Geheges und sitzen vollkommen regungslos da. Sie reißen teilweise die Augen extrem weit auf, lassen sich alles gefallen und rühren auch kein Fressen an. Vielleicht ist dies das normale Verhalten bei der Unterwerfung, doch eventuell liegt es auch an schlechten Erfahrungen in der Vergangenheit. Dann braucht dieses

Zwergkaninchen unbedingt einen Partner, der ebenso sensibel wie es selbst ist, und sollte von dominanten Tieren unbedingt ferngehalten werden.

Sofortige Harmonie ist verdächtig

Ein weiteres Problem bei der Vergesellschaftung kann darin bestehen, dass einfach gar nichts passiert. Das bedeutet, dass alle Beteiligten sich so verhalten, als wären keine anderen Zwergkaninchen anwesend. Im ersten Moment mag das für Dich sehr erleichternd sein, denn es erweckt den Eindruck von Harmonie. Allerdings ist dieses Verhalten äußerst verdächtig, denn meistens folgen extreme Rangkämpfe erst einige Zeit später, wenn Du die Tiere ins endgültige Gehege gesetzt hast. Selbstverständlich kann es aber wirklich in wenigen Fällen so sein, dass sich die Tiere von Anfang an akzeptieren, das musst Du dann einfach in den kommenden Wochen weiter beobachten.

Starke Bissverletzungen

Leichtes Beißen gehört zu einer Vergesellschaftung dazu, dennoch solltest Du die Tiere immer auf Verletzungen untersuchen. Achte dabei vor allem auf den Rücken, da dieser meistens am stärksten betroffen ist. Ist ein Zwergkaninchen von Bisswunden geradezu übersät, dann musst Du die Zusammenführung gleich abbrechen. Einzelne Wunden und Kratzer sind hingegen noch im Rahmen, sofern diese nicht zu tief sind. Du musst auch beurteilen, ob es sich um unbeabsichtigte Verletzungen handelt, beispielsweise durch die

Krallen eines anderen Tieres. In diesem Fall befinden sich die Kratzer größtenteils an den Augen, den Ohren und an der Nase. In der Tat gibt es ein paar Zwergkaninchen, die bei der Vergesellschaftung ständig beißen, was unterschiedliche Gründe haben kann. Manchmal ist die Beißerei nur ein Ausdruck von Unsicherheit und Angst, dann brauchen diese Tiere einen ausgeglichenen und ruhigen Partner.

13. Kosten für die Anschaffung und Haltung

Falls Du mit dem Gedanken spielst, Dich der Zwergkaninchenhaltung zu widmen, solltest Du vorab die Kosten kalkulieren. Diese sind nicht zu vernachlässigen, denn neben den Kosten für die Anschaffung, darfst Du auch die laufenden Kosten nicht vergessen. Darüber hinaus solltest Du immer ein finanzielles Polster haben, denn Besuche beim Tierarzt können jederzeit notwendig werden. Ganz genau lassen sich die Kosten leider nicht berechnen, jedoch lassen sie sich grob beziffern.

Kosten für Zwergkaninchen

Im Zoofachhandel kosten Zwergkaninchen etwa zwischen 20 und 50 Euro. Rammler sind in diesem Fall aber nicht kastriert, was Dich im Nachhinein noch etwa 50 bis 80 Euro zusätzlich kosten wird. Die Tierheime verlangen eine Schutzgebühr, die bei rund 50 Euro für eine Häsin und bei 70 Euro für einen kastrierten Rammler liegt. Tiere aus dem Tierheim sind normalerweise auch bereits geimpft.

Für den Transport ins neue Zuhause brauchst Du noch eine Transportbox, die mit rund 20 Euro zu Buche schlägt. Holst Du Tiere aus dem Zoogeschäft oder vom Züchter solltest Du sie gleich dem Tierarzt vorstellen. Für diese erste Konsultation inklusive Kotprobe und Impfungen kannst Du etwa 50 Euro pro Zwergkaninchen veranschlagen.

Kosten für das Kaninchenheim

Zur Erstanschaffung bei der Haltung von Zwergkaninchen gehört auch das passende Kaninchenheim. Hier gibt es natürlich enorme Preisspannen, da die Tiere ja auf unterschiedliche Art und Weise untergebracht werden können. Dann hängen die Kosten auch immer von der Größe und der jeweiligen Ausstattung ab. Wenn Du ein Wohnungsgehege mit einem großen Käfig und mehreren Gitterelementen planst, kannst Du mit einem Minimum von 200 Euro rechnen.

Ein Außengehege im Eigenbau mit Schutzhütte und Auslauf wird Dich mindestens 350 Euro kosten. Dazu kommt dann noch die Einrichtung des Geheges mit Häusern, Etagen, Rohren und vielem mehr, wofür Du sicher noch weitere 100 Euro ausgeben musst. Schließlich brauchen Deine neuen Mitbewohner noch Näpfe für Wasser und Futter sowie Heuraufen, was noch etwa 30 Euro zusätzlich ausmachen dürfte. Gehe also von durchschnittlich 500 Euro für das Gehege inklusive Einrichtungsgegenständen aus.

Natürlich halten Hütten und andere Einrichtungselemente nicht ewig, sodass diese auch ab und zu ausgetauscht werden müssen.

Laufende monatliche Kosten

Ein Zwergkaninchen kosten jeden Monat Geld, wobei Du natürlich immer von mindestens zwei Tieren ausgehen solltest. Für die Einstreu, bestehend aus Kleintierstreu und Stroh, kannst Du bei zwei Zwergkaninchen mit etwa 20 Euro im Monat rechnen. Eine artgerechte Fütterung wird bei zwei Langohren mit monatlich rund 50 Euro zu Buche schlagen. Sammelst Du einen Großteil des Futters selbst, kannst Du natürlich jede Menge Geld sparen. Auch für Kinder ist dies eine tolle Beschäftigung in der freien Natur.

Tierarztkosten fallen nicht jeden Monat an, allerdings sind diese nicht zu unterschätzen. Für die halbjährlichen Impfungen gegen Chinaseuche und Myxomatose musst Du bei zwei Zwergkaninchen mit mindestens 50 bis 60 Euro rechnen, das macht im Jahr also 100 bis 120 Euro. Von Zeit zu Zeit kann auch das Schneiden der Krallen notwendig sein, wofür der Tierarzt zwischen fünf und zehn Euro berechnet. Kotproben sind bei Zwergkaninchen häufiger nötig, wobei eine etwa 15 Euro kostet.

Leider kann ein Zwergkaninchen schwer krank werden oder auch unter einer chronischen Erkrankung leiden. Dann können ganz schnell Kosten von mehreren Hundert Euro auflaufen. Es ist deshalb ratsam, dass Du für jedes Tier monatlich einen bestimmten Betrag zurücklegst. Grundsätzlich solltest Du für den Tierarzt aber immer mindestens 200 Euro auf der Seite haben.

14. Wenn Kinder sich Zwergkaninchen wünschen

Die meisten Kinder lieben Tiere sehr, weshalb früher oder später auch häufig der Wunsch nach einem eigenen Haustier geäußert wird. Manchmal handelt es sich nur um eine spontane Idee, doch unter Umständen sind die Kids nicht mehr davon abzubringen. Dieser Wunsch ist natürlich vollkommen legitim und sollte auch ernst genommen werden. Zwergkaninchen stehen aufgrund ihres niedlichen Aussehens und ihres sanften Charakters ganz oben auf der Wunschliste von Kindern.

Allerdings betrifft diese Entscheidung zwangsläufig die ganze Familie, weshalb im Vorfeld gemeinsam beraten werden sollte. Es ist vorab abzuklären, ob ein Familienmitglied eventuell allergisch auf Zwergkaninchen reagiert. Darüber hinaus muss auch sichergestellt werden, dass eine artgerechte Haltung im Innen- oder Außenbereich möglich ist. Schließlich müssen auch die Kosten für die Kaninchenhaltung berücksichtigt werden, sie dürfen nicht zur unnötigen finanziellen Belastung werden.

Aufgrund ihrer liebevollen und ruhigen Art sind Zwergkaninchen im Prinzip ideale Gesellen für Kinder. Dennoch musst Du ihnen bewusst machen, dass es sich keineswegs um Kuscheltiere handelt, die man nach Belieben streicheln und durch die Gegend tragen kann. Manchmal möchten sie auch in Ruhe fressen oder dösen, sodass es auch zu Abwehrreaktionen in Form von Kratzen oder Beißen kommen kann. Zwergkaninchen sind Fluchttiere, die teilweise sehr ängstlich sind und nur langsam Vertrauen aufbauen können.

Es handelt sich um Lebewesen mit eigenen Bedürfnissen, die auch Kinder beachten sollten. Dir muss bewusst sein, dass die

Pflege der Tiere größtenteils an Dir hängenbleiben wird, bis die Kinder ein gewisses Alter erreicht haben. Doch auch dann ist nicht sicher, dass diese ihren Aufgaben nachkommen wollen. Im Lauf von einigen Jahren kann das Interesse an den Zwergkaninchen verloren gehen, sodass es weiterhin Deine Schützlinge bleiben werden. Du kannst jedoch schon Kleinkinder gut in die Pflege der Tiere mit einbeziehen. Das ist eine gute Möglichkeit, den Kleinsten Respekt vor anderen Lebewesen beizubringen und ein gewisses Verantwortungsbewusstsein zu fördern. Die Kinder lernen, dass jeden Tag für frisches Futter und eine saubere Umgebung gesorgt werden muss. Schließlich kann der Nachwuchs die Zwergkaninchen auch artgerecht beschäftigen, wenn Du ihn dazu anleitest. Es ist aber ganz wichtig, dass tatsächlich Zwergkaninchen, als Haustiere erwünscht sind. Diese Tiere dürfen niemals ein Ersatz für einen Hund oder eine Katze sein, nur weil die Haltung einfacher erscheint.

14.1 Eltern tragen die Hauptverantwortung

Kinder können durch die Tierhaltung schon früh fürs Leben lernen, nämlich in erster Linie Verantwortung zu übernehmen. Wenn Du Zwergkaninchen für die Familie anschaffen möchtest, dann musst Du Dir darüber im Klaren sein, dass die Hauptverantwortung immer bei Dir liegen wird. Es liegt demnach in Deinen Händen, den Tieren ein schönes und artgerechtes Zuhause zu bieten. Auch für Deine Kinder bist Du verantwortlich, denn diesen musst Du den richtigen Umgang mit den Zwergkaninchen beibringen.

Zwergkaninchen sollten niemals unüberlegt in den Haushalt einziehen oder gar ein Geschenk zu einem Geburtstag oder zu

Weihnachten sein. Erkläre Deinen Kindern schon vor dem Einzug die wichtigsten Dinge rund um Ernährung, Pflege und Körpersprache der neuen Mitbewohner. Nur wenn Kinder diese Tiere verstehen, werden sie auch richtig mit ihnen umgehen können.

14.2 Sind Zwergkaninchen für Kinder geeignet?

Ein Leben mit Zwergkaninchen kann definitiv sehr aufregend und schön sein. Auch Kinder können sicher auf vielfältige Art und Weise davon profitieren. Auf der anderen Seite gibt es aber auch ein paar problematische Punkte, die Du bei Deiner Entscheidung für die potenziellen Haustiere unbedingt berücksichtigen sollten.

Grundsätzlich ist die Haltung von Zwergkaninchen nicht kompliziert. Die Betreuung der Tiere ist nicht so intensiv wie bei Hunden oder Katzen. Selbstverständlich lieben die meisten auch Streicheleinheiten, wenn dabei ihre Ruhezeiten respektiert werden. Es muss aber auch akzeptiert werden, dass einige Mümmelmänner nicht so gerne kuscheln, das kann man vorher leider nicht absehen. Die Zwergkaninchen können auch mehrere Stunden am Stück allein bleiben, da sie ja mindestens einen Artgenossen haben.

Auch die Versorgung der Haustiere gestaltet sich recht unkompliziert, wenn man es mit anderen Tierarten vergleicht. Die Grundpflege kann von etwas älteren Kindern im Grundschulalter durchaus schon in Eigenverantwortung übernommen werden. Dennoch solltest Du immer alles im Auge behalten, damit das Wohlergehen und die Gesundheit der Tiere niemals gefährdet sind. Kinder haben auch nicht immer

Zeit und Lust, sich um die Zwergkaninchen zu kümmern, dann liegt es an Dir.

Selbst für Kleinkinder sind Zwergkaninchen äußerst interessant, denn sie sind im Gegensatz zu Hamstern am Tag aktiv und können auch ein wesentlich höheres Alter erreichen. Somit müssen sich die Kinder nicht allzu bald mit dem möglichen Tod der liebgewonnenen Kameraden beschäftigen. Zwergkaninchen sind sehr intelligente Tiere, sodass Kinder ihnen auch kleine Kunststücke beibringen können.

Zwergkaninchen unterscheiden sich von Plüschtieren dadurch, dass sie einen eigenen Willen haben, das musst Du Deinen Kindern immer wieder verdeutlichen. Werden sie in ihren Ruhephasen gestört, muss man mit leichtem Zwicken oder Kratzen rechnen. Das ist ein vollkommen natürliches Verhalten und hat nichts mit einem schlechten Charakter zu tun. Kinder müssen auch wissen, dass Hektik und Lärm bei den Tieren zu extrem starkem Stress führen und letztendlich auch negative Auswirkungen auf ihre Gesundheit haben können.

14.3 Wann können Kinder Verantwortung für Zwergkaninchen übernehmen?

Wenn Kinder mit Haustieren aufwachsen, kann das ihre Entwicklung positiv beeinflussen. Zwergkaninchen können einen wichtigen Bezugspunkt darstellen und zu richtigen Freunden werden. Nicht nur das Alter entscheidet darüber, wann ein Kind die Tiere selbstständig versorgen kann. Es ist immer auch eine Frage des individuellen Charakters und der geistigen Reife. Du kannst die Kinder aber von Anfang an mit in die Pflege und Versorgung der Zwergkaninchen mit einbeziehen. Auf diese Weise wachsen sie Schritt für Schritt mit hinein und können immer mehr selbst übernehmen. Je jünger das Kind ist, desto mehr bleibt natürlich an Dir hängen. Doch an Kleinkinder können schon bei der Portionierung des Futters helfen oder frische Einstreu im Gehege verteilen. Normalerweise ist ein Kind im Alter von etwa 11 bis 12 Jahren verantwortungsbewusst genug, um sich um die Zwergkaninchen größtenteils allein zu kümmern, natürlich immer unter Deinen Augen und gemäß Deinen Anweisungen.

Schlussworte

Damit sind wir schon am Ende dieses Ratgebers angelangt. Mit dem neuen Wissen bist Du jetzt bestens gewappnet artgerecht Zwergkaninchen zu halten. An dieser Stelle möchten wir Dich dazu einladen, dieses Buch nicht einfach in ein Regal zu stellen, sondern aktiv in die Anfangszeit der Zwergkaninchenhaltung einzubinden und als Nachschlagewerk zu verwenden. Im Folgenden findest Du zusätzlich noch eine Checkliste für die benötigte Ausstattung. Über jegliches Feedback würden wir uns sehr freuen. Hierfür kannst Du uns gerne über folgende E-Mail kontaktieren: IhreMeinung@web.de

Checkliste

Allgemein

o Transportbox

o Handfeger mit Kehrblech

o Besen

o Zupfbürste

o Krallenschere

o Essigessenz/Zitronensäure

Ernährung

o Standfester Trinknapf

o Heuraufe

o Heu

Einrichtung

o Außen- oder Innengehege (Außer bei freier Wohnungshaltung)

o Gegebenenfalls Auslauf

o Staubfreie Einstreu

o Kotwanne/Katzenklo

o Rückzugsorte in Form von Häuschen (mindestens jeweils zwei Eingänge)

o (Buddelkiste inkl. Sand)

Impressum

Sabrina Heine wird vertreten durch:

Niklas Loos
An der Radrunde 119
90455 Nürnberg

Bilder im Buch:

Abbildung 1 – Zwei Kaninchen
(Quelle: Fernanda Milewski)

Abbildung 2 – Zwei Kaninchen im Freien
(Quelle: Fernanda Milewski)

Abbildung 3 – Gruppenhaltung
(Quelle: http://www.farbenzwerge-vom-muldental.de/)

Abbildung 4 – Fütterung
(Quelle: Fernanda Milewski)

Abbildung 5 – Grundbedürfnis Nähe
(Quelle: Fernanda Milewski)

Abbildung 6 – Kaninchen auf den Hinterläufen
(Quelle: http://www.farbenzwerge-vom-muldental.de/)

Abbildung 7 – Kaninchenspielzeuge
(Quelle: http://www.farbenzwerge-vom-muldental.de/)

Abbildung 8 – Vergesellschaftung
(Quelle: http://www.farbenzwerge-vom-muldental.de/)

Printed in Germany
by Amazon Distribution
GmbH, Leipzig

27471829R00077